# 新型电力系统储能投资运营商业模式

吴良峥　乔慧婷　主编

中国电力出版社
CHINA ELECTRIC POWER PRESS

## 内 容 提 要

本书全面分析了新型电力系统中储能电站的投资经济性，探讨了储能技术在电源侧、电网侧和用户侧的应用功能和作用。书中首先介绍了储能技术的主要类型和发展趋势，分析了国内外储能电站的发展现状及相关政策。接着，构建了储能电站设备选址评价模型，包括储能技术发展趋势与成熟度分析、最优选型模型和最优选址模型。然后，设计了新型电力系统储能电站投资运营商业模式，并对投资经济性进行了深入分析，包括储能电站 LOCE 成本测算模型和投资经济性分析模型。最后，提出了储能电站投资综合价值共享机制，包括储能电站投资价值评估体系和综合价值评估模型。书中通过实证分析，为储能电站的健康发展提供了理论支撑和政策建议。

**图书在版编目（CIP）数据**

新型电力系统储能投资运营商业模式 / 吴良峥，乔慧婷主编. -- 北京 ：中国电力出版社，2025.4（2025.11重印）.

ISBN 978-7-5198-9445-0

I. TM7

中国国家版本馆 CIP 数据核字第 2025S2D512 号

---

出版发行：中国电力出版社
地　　址：北京市东城区北京站西街 19 号（邮政编码 100005）
网　　址：http://www.cepp.sgcc.com.cn
责任编辑：岳　璐（010-63412339）
责任校对：黄　蓓　马　宁
装帧设计：赵丽媛
责任印制：石　雷

---

印　　刷：北京锦鸿盛世印刷科技有限公司
版　　次：2025 年 4 月第一版
印　　次：2025 年 11 月北京第二次印刷
开　　本：710 毫米 ×1000 毫米　16 开本
印　　张：11.75
字　　数：160 千字
印　　数：1001—1300 册
定　　价：69.00 元

---

# 编 委 会


主　　编　吴良峥　乔慧婷

副 主 编　文上勇　谭忠富

参编人员　张继钢　万正东　黄　琰　鞠立伟　陈　雯　库陶菲

李恺蔓　杜易达　辛宏妍　信超辉　余泽远　陈培锋

王建斌　齐　鑫　宋雪莹

# 前　言

随着全球能源结构的转型和“双碳”目标的提出，新型电力系统作为实现清洁、低碳、安全、高效能源体系的重要途径，正受到越来越多的关注。储能技术作为新型电力系统中的关键技术之一，对于促进新能源的高比例消纳、保障电力安全供应和提高电力系统运行效率具有重要作用。然而，储能电站的投资经济性分析、商业模式设计以及价值共享机制构建等方面仍面临诸多挑战。

本书旨在为新型电力系统中储能电站的健康发展提供理论支撑和实践指导。全书共分为七章，首先梳理了储能技术的主要类型和应用功能，分析了国内外储能电站的发展现状和相关政策。在此基础上，构建了储能电站设备选址评价模型，为储能电站的技术设备选型和选址提供决策支持。进一步，设计了新型电力系统储能电站的投资运营商业模式，并对投资经济性进行了详细分析，以评估不同场景下储能电站的经济性水平。最后，提出了储能电站投资综合价值共享机制，以促进储能电站在新型电力系统中的优化配置和效益最大化。

本书的研究不仅为储能电站的投资者和运营商提供了决策参考，也为政策制定者提供了政策建议，对于推动储能技术的发展和新型电力系统的构建具有重要的理论和实践意义。希望通过本书的深入分析和探讨，能够为读者提供全面、系统的储能电站投资经济性分析框架，以及储能电站在新型电力系统中应用的全面视角。

CONTENTS

# 目 录

# 第一章

CHAPTER 1

# 概　述

# 1.1 研究背景及意义

## 1.1.1 研究背景

2020年9月22日，习近平在第七十五届联合国大会一般性辩论上发表重要讲话，提出“中国将提高国家自主贡献力度，采取更加有力的政策和措施，二氧化碳排放力争于2030年前达到峰值，努力争取2060年前实现碳中和”，即“双碳”目标。2020年12月13日，中国在气候雄心峰会上进一步阐述“双碳”目标，提出到2030年中国单位国内生产总值二氧化碳排放将比2005年下降65%以上，非化石能源占一次能源消费比重将达到25%左右，风电、太阳能发电总装机容量将达到12亿KW以上。

2021年3月15日，中央财经委员会第九次会议中指出，“十四五”是碳达峰的关键期、窗口期，要构建清洁、低碳、安全、高效的能源体系，深化电力体制改革，构建以新能源为主体的新型电力系统。“双碳”目标和新型电力系统的提出必将加快推动风电、太阳能发电等新能源的跨越式发展。

2021年9月以来，“拉闸限电”现象波及一些省份。其主要原因是煤炭价格持续走高，导致煤电面临“发电即亏损”的窘境。10月17日，118个城市与600多家风电企业共同发起“风电伙伴行动·零碳城市富美乡村”计划，并发布风电伙伴行动方案，提出在2025年将陆上高、中、低风速地区的度电成本分别降至0.1元、0.2元和0.3元。据相关机构测算，“十四五”期间，光伏发电度电成本将下降至0.25～0.38元。这意味着风电、光伏发电的度电成本将与燃煤发电基本持平甚至更低，在煤炭价格居高不下的背景下，挖掘风电、光伏发电等新能源“替补”潜力，发挥其更大作用，将成为缓解电力供应紧张形势的重要选择。然而，随着风电、光伏发电等可再生能源发电比例的不断提高，电网的可调节性和稳定性将受到影响，电力系统调峰能力不足、调度运行和调峰成本补偿机制不健全等问题日益突出，难以适应可再生能源大规模并网消纳的需求。

“双碳”目标、新型电力系统构建、电力供应紧张给储能发展带来新机遇，储能作为重要的灵活性调节资源，已成为实现“双碳”目标、构建新型电力系统、缓解用电紧张的关键技术手段，对于促进新能源高比例消纳、保障电力安全供应和提高电力系统运行效率具有重要作用。

作为电力系统中可独立承担供能的储能电站，严重依赖储能的技术成熟度、工程成熟度和经济可行性。当前，不同类型的储能在不同应用场景下成本与效益的衡量方式不同，市场机制尚未成熟，因此有必要结合储能电站类型、技术成熟度、工程成熟度，对储能电站进行技术经济分析，为促进储能电站的健康发展提供理论支撑。

鉴于以上背景，对国内外储能电站建设成本进行研究迫在眉睫。

### 1.1.2 研究意义

本书以储能电站为研究对象，深入梳理国内外储能市场和相关激励政策，详细研究储能发展的技术路线及关键技术，重点分析影响储能成本的关键要素，评估储能电站的多重应用价值，设计储能市场化发展的商业模式，研究典型商业模式下储能的经济性水平，提出储能市场化发展商业模式和政策建议，有助于公司深入把握现有储能电站的建设成本和充分挖掘储能电站的潜在重要价值。

（1）明确储能技术的发展方向，为储能电站的规划和设计提供技术依据。对现有主要储能的技术路线及关键技术开展研究，分析现有储能技术的基本原理、技术特点，对比分析各种储能技术的优缺点，进一步分析储能电站的部署应用情况，有助于明确储能技术的发展方向，为储能电站的规划和设计提供技术依据。

（2）建立新型电力系统储能电站设备选址评价模型，为储能电站技术设备选型、选址提供决策支持。从经济性、社会性、环境性和技术性4个维度构建储能设备类型优选评估指标体系，提出储能设备选型评估模型，帮助储能电站进行设备选型和选址工作。

（3）建立储能电站投资经济性评价框架，有助于进行储能电站投资决策。设定一定的边界计算条件，使用成本收益分析方法对不同场景下储能技术经济性进行详细的计算和分析，有助于充分分析不同场景下储能电站的投资经济性，做出合理投资决策。

（4）建立储能电站投资综合价值共享机制，有助于储能充分发挥其综合效益。针对储能面向电网、发电、用户等不同市场主体提供的不同服务类型，建立多重应用场景下的投资综合价值评估模型，分析不同储能类型在各应用场景下的适用性，设计储能电站投资综合价值共享机制，帮助储能电站充分发挥其综合价值。

总之，基于新形势对储能电站成本进行研究，可进一步规范储能电站技术发展，合理控制储能电站建设投资，支撑未来储能电站规划发展。

## 1.2 研究内容

本书共包括5项研究内容，具体介绍如下：

研究内容一为新型电力系统储能电站应用功能作用分析。梳理储能技术类型，并分析各储能技术的原理及性能特点；选取国外典型储能发展国家，分析其市场发展现状，并与国内进行对比，分析差异性；梳理储能发展政策，分析储能发展趋势，总结我国储能发展问题所在；分析电源侧、电网侧、用户侧等不同场景下储能技术的功能应用。

研究内容二为新型电力系统储能电站设备选址评价模型。对比不同储能技术的成熟度，从经济性、社会性、环境性和技术性4个维度构建储能设备类型优选评估指标体系，提出基于一致性原则和模糊最优最劣方法的储能设备选型评估模型，基于复杂网络模型和运营商满意度模型寻求储能电站设备最优选址。

研究内容三为新型电力系统储能电站投资运营商业模式。分析电源侧、电网侧、用户侧储能的商业模式及运营模式。

研究内容四为新型电力系统储能电站投资经济性分析。构建技术经济评价模型，对电源侧、电网侧、用户侧储能经济性进行实证分析。

研究内容五为新型电力系统储能电站投资综合价值共享机制。构建储能电站在新型电力系统不同应用场景的投资综合价值评估模型，分析电源侧、电网侧、用户侧等不同场景下储能电站的投资综合价值，设计基于改进Shapley值分配法的储能电站投资综合价值共享机制，确定相应利益主体对储能投运商的合理补偿额度。

最后为结论及建议，依据前述研究内容给出结论并提出建议，以推动新型电力系统储能技术健康发展。

# 第二章

CHAPTER 2

# 新型电力系统储能电站应用功能作用分析

## 2.1

# 储能技术主要类型

根据储能的能量转换形式，可以将其分为物理储能、电化学储能、电磁储能、热储能和氢储能。其中，物理储能主要有抽水蓄能、压缩空气储能、飞轮储能等；电化学储能主要有锂离子电池储能、铅蓄电池储能、钠硫电池储能、液流电池储能等；电磁储能方式有超导储能和超级电容储能等。各类典型储能特征对比见表2–1。

表2–1　各类典型储能特征对比

| 储能类型 | 主要储能方式 | 优点 | 缺点 |
| --- | --- | --- | --- |
| 物理储能 | 抽水蓄能 | 蓄能容量大，寿命长，技术成熟，成本较低，已经实现了商业化应用 | 对环境、地理地质条件有较高的要求 |
| | 压缩空气储能 | 寿命长，容量大，可靠性和安全性高，建造成本和运行成本较低 | 依赖燃烧化石燃料提供热源，需要特殊的地理条件建造大型储气室，系统效率较低 |
| | 飞轮储能 | 寿命期限长、运行效率高、运维费用低、充放电限制低、环境温度要求低、应用领域广 | 能量密度低，保证系统安全性方面的费用很高，由于轴承的磨损和空气的阻力，具有一定的自放电 |
| 电化学储能 | 锂离子电池 | 比能量（单位质量储能材料可以释放的电量）高，高功率，循环特性好，可深度放电，响应速度快，适合调峰调频 | 高成本，循环寿命短，存在安全性问题 |

续表

| 储能类型 | 主要储能方式 | 优点 | 缺点 |
|---|---|---|---|
| 电化学储能 | 铅蓄电池 | 技术成熟，易维护，可靠性好，原材料易得，价格便宜，效率可达80%~90%，性价比较高，循环寿命可达1000次 | 充电电流要求较高，不可深度放电，能量密度低，寿命较短 |
| | 液流电池 | 寿命期限长，稳定性、可靠性强，环境污染小 | 能量和功率密度较低，响应速度较慢 |
| | 钠硫电池 | 循环寿命长，自放电较少，能量密度高，反应速率快 | 对密封技术要求高，成本高，在高温下运行存在一定的安全操作风险 |
| 电磁储能 | 超导储能 | 具有响应速度快（ms级）、转换效率高（≥96%）、比容量（1~10Wh/kg）、比功率（104~105kW/kg）大等优点，能够与电力系统实时交换能量、提供功率补偿 | 高制造成本，能量密度低，需要在低温条件下使用 |
| | 超级电容储能 | 寿命长，响应速度快，效率高，维护次数少，环境友好 | 能量密度低，成本高，规模较小，存在自放电 |
| 热储能 | 储热 | 占地面积小，能量密度高，建设规模大 | 循环效率低，需要各种高温化学热工质，应用场合受限 |
| 氢储能 | 氢燃料电池 | 能量密度高、运行维护成本低、存储时间长、无污染 | 能源转化效率低、投资成本高 |

## 2.1.1 物理储能

### 1. 抽水蓄能

目前全球范围装机容量最大的储能系统就是抽水蓄能电站。

抽水蓄能工作原理：在电力负荷低谷时段把电能转化为势能，将水储存在具有一定高度的水库里面；在电力负荷高峰时段，打开闸门放水，通过水的势能推动水轮机转动发电。

抽水蓄能电站利用的存储介质既可以是淡水，也可以是海水。当前，还可以利用地下水实现电能储存。地下抽水蓄能与传统常见的抽水蓄能区别体现在水库的位置高低。普通的抽水蓄能电站需要建设在地理结构和区域条件符合的地区，对于地下抽水蓄能电站而言，只要当地的地下水可用即使是平地也具备建设条件。地下抽水蓄能电站配备的下水库在地下，上水库在地面上。

抽水蓄能电站储存能量时，既可以从电网获取，也可以利用光伏面板和风力机组的发电量直接驱动水泵运转，将水抽到高处，转化为势能。直接驱动水泵的方式可降低能量传输的损耗，提高能源效率，还能克服风电和光伏发电出力的波动性。抽水蓄能示意图如图2–1所示。

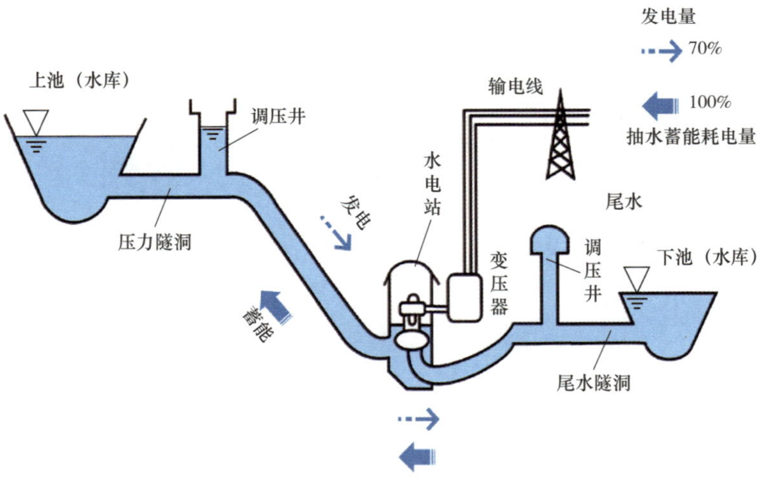


图2–1　抽水蓄能示意图

### 2. 压缩空气储能

除了抽水蓄能外，能够实现大规模工业应用的储能方式就是压缩空气储能。

压缩空气储能工作原理：在用电负荷低谷时段消耗电能，将空气压缩到具有一定规模的空间，例如沉降的海底储气罐、报废矿井、深邃山洞、新建储气井、过期油气井等。当负荷高峰时段来临时，低谷时段压缩的空气混合喷入的燃料进行燃烧产生高温高压气体，气体进入汽轮机中推动转动，从而将气体和燃料的化学能转化为机械能，机械能进一步转化为电能。压缩空气储能系统压缩空气时释放的热量由热能储存设备吸收，储存的热能可以用来加热空气使其更加膨胀。

压缩空气储能的能源转化效率较高，一般在75%左右，如果再采用一些先进的技术（如超导热管技术等），其效率能进一步提升到80%以上。国内压缩空气储能技术不断进步，压缩空气储能、先进绝热压缩空气储能、超临界压缩空气储能系统、液态压缩空气等都有研究覆盖，500kW容量等级、1.5MW容量等级及10MW容量等级的压缩空气储能示范工程均已建成。压缩储能示意图如图2-2所示。

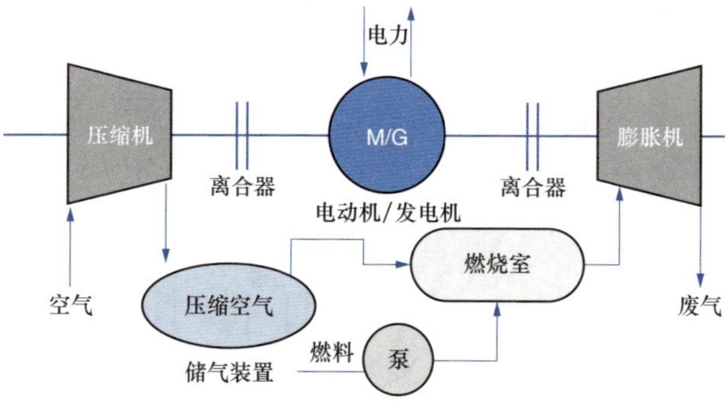


图2-2　压缩空气储能示意图

### 3. 飞轮储能

飞轮储能是一种源于航天的先进物理储能技术，是指利用电动机带动飞轮高速旋转，在需要的时候再用飞轮带动发电机发电的储能方式。飞轮储能主要由飞轮转子、支撑轴承、高速电机、电力电子转换装置、真空室5部分组成。其中，飞轮是整个产品的核心部件，直接决定着储存能量的多少；电力电子转换装置决定了输入输出能量的大小。

飞轮储能工作原理：系统工作时，利用电能驱动飞轮高速旋转，将电能转换为机械能，在需要的时候通过飞轮惯性拖动电机发电，将储存的机械能变为电能输出（即飞轮放电）。

相比于其他电池技术，飞轮储能的优越性体现在时间短、频次高、大功率充放电特性等方面。而且与抽水蓄能和电化学储能相比，飞轮储能设备体积要小很多，所以其对工作环境的适应性更强，更容易模块化。飞轮储能示意图如图2-3所示。

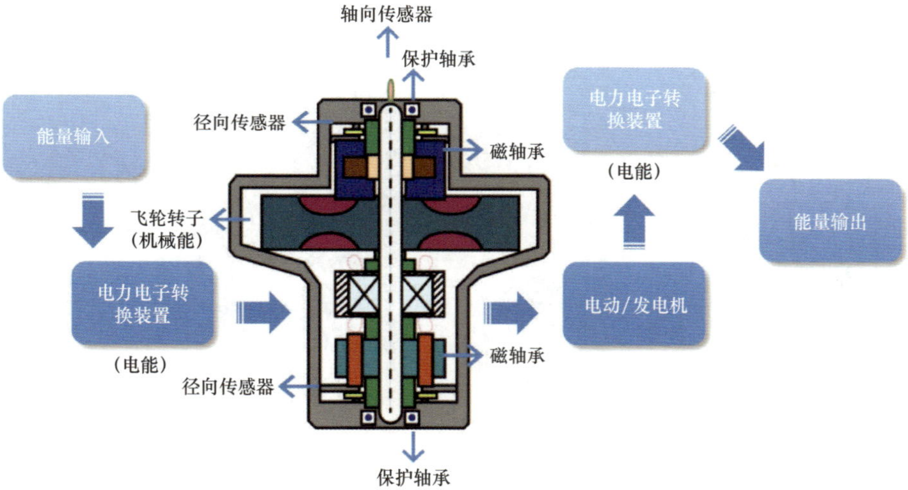


图2-3　飞轮储能示意图

## 2.1.2 电化学储能

### 1. 锂离子电池

锂离子电池工作原理：通过锂离子在电源正负极之间的往返移动实现电量储存和释放。锂离子电池充电时，正锂离子在正负极之间往返嵌入和脱嵌，在正极脱嵌，然后经过电解质移动到负极，此时负极状态为富锂；放电时，过程与充电过程相反。

锂离子电池是一种二次储能电池。锂离子电池的优势为质量较轻、安全可靠、效率较高。伴随着相关扶持政策的出台，锂离子电池获得更广阔的发展空间，尤其是在电网侧应用最为广泛，可以为电力系统提供调频服务，增强清洁能源消纳能力，达到削峰填谷效应。锂离子电池充放电功率稳定、无记忆效应、单位容量造价低、能量密度较高、寿命期限长，在电力系统中应用广泛，锂离子电池储能在未来储能行业中具有广阔的发展前景。锂离子电池示意图如图2-4所示。

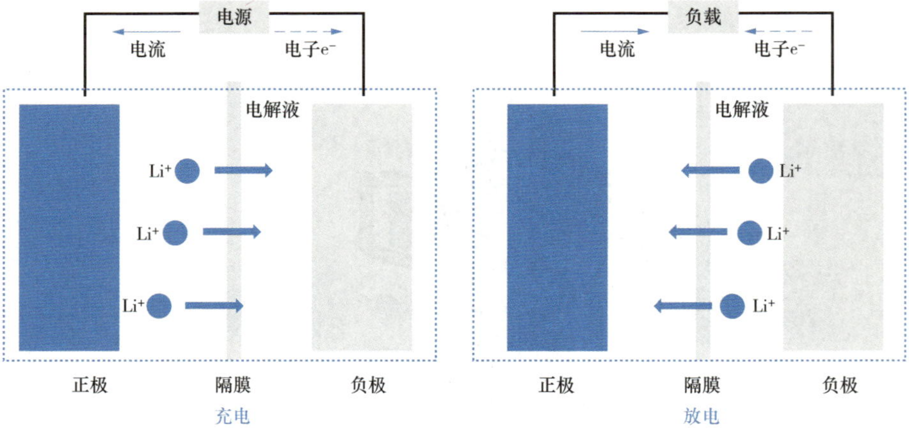


图2-4　锂离子电池示意图

## 2. 铅蓄电池

铅蓄电池是一种电极主要由铅及其氧化物制成、电解液是硫酸溶液的蓄电池。铅酸电池充电状态下，正极主要成分为二氧化铅，负极主要成分为铅；放电状态下，正负极的主要成分均为硫酸铅。

虽然近些年来，锂离子电池、镍氢电池、镍镉电池等新的储能电池陆续被发明和应用，但铅蓄电池仍很受欢迎，主要原因是铅蓄电池具有放电功率稳定、输出电压平稳、环境温度要求低、电池容量规模大、安全可靠性高、造价成本低、原材料富足等优势。在一些传统的和新兴的电能领域中占据重要地位。通常使用铅蓄电池时，不宜超过自身放电上限过度放电。电池内部的细小硫酸铅晶体由各种活性物质混合组成，过度放电会导致晶体板结形成较大块的微粒，这会增加电池的阻塞，重新充电将其还原较为困难，会影响铅蓄电池的使用寿命，还会减少电能储存容量。铅蓄电池示意图如图2-5所示。

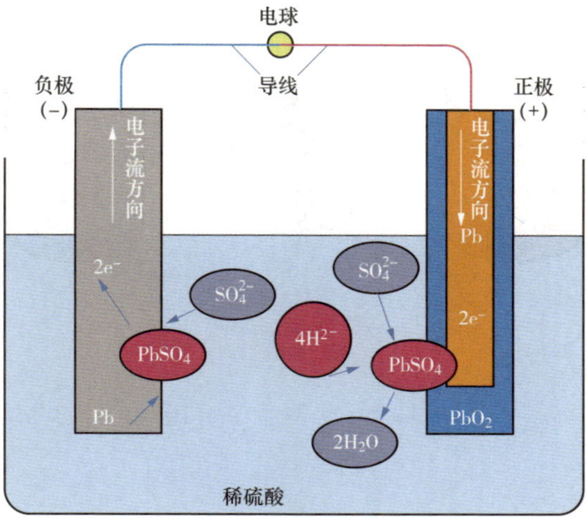


图2-5　铅蓄电池示意图

### 3. 液流电池

液流电池与传统储能电池原理相同，都是通过化学反应实现电能的储存。液流电池与传统储能电池不同的特征是电活性物质储存在两个电解槽中，然后通过可逆的电化学反应产生电能。液流电池因为介质、材料的不同，效率也有差异，锌铈电池的效率最低为70%，全钒电池效率最高为85%，其他材质的电池效率介于两者之间。当前主要有四种液流电池处于开发研制阶段，分别为全钒电池、锌溴电池、多硫化溴电池和锌铈电池。液流电池化学反应大致有氧化还原反应和混合反应两类。其中，氧化还原电池中的全部电活性材料溶解在液体电解质中，混合液流电池将电活性材料分开储存。液流电池和传统的储能电池相比具有更高的灵活性，所有的电化学反应都在液体电解质中进行，具有寿命期限长、放电深度高、稳定可靠性强、环境污染小的优势，但其局限性就是不适合在小型设备中应用。液流电池示意图如图2-6所示。

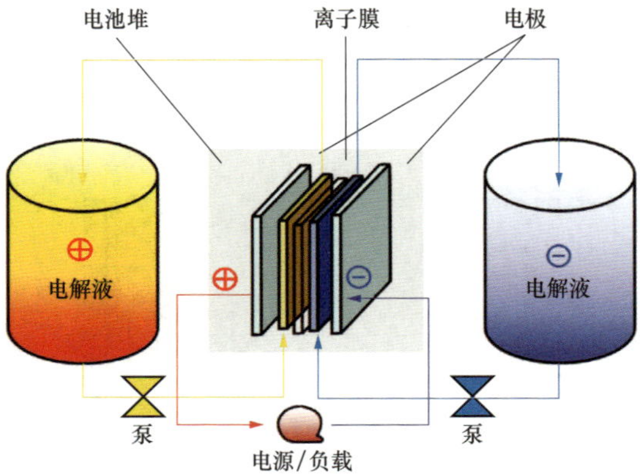


图2-6　液流电池示意图

### 4.钠硫电池

钠硫电池由正极、负极、电解质、隔膜和外壳组成。与一般二次电池（铅酸电池、镍镉电池等）不同，钠硫电池是由熔融电极和固体电解质组成，负极的活性物质为熔融金属钠，正极活性物质为液态硫和多硫化钠熔盐。钠硫电池的阳极由液态硫组成，阴极由液态钠组成。电池的运行温度需保持在300℃以上，以使电极处于熔融状态。

与锂硫电池负极相比，金属钠价格低于金属锂，并且全球锂资源储量有限，随着二次电池需求不断上升，现有锂资源难以支撑，而全球钠资源储量丰富。钠硫电池以液态硫、多硫化钠熔盐为正极材料，以Na-beta-$Al_2O_3$为固态电解质。从电极材料、电解质来看，钠硫电池与铅蓄电池等其他储能电池相比存在明显差异。钠硫电池具有能量密度高、容量大、放电效率高、可高功率放电、原料来源广、循环寿命长、可通过模块串联、体积小、质量轻、无污染、成本较低、维护方便等优点。钠硫电池在大规模储能方面具有广阔应用前景。钠硫电池示意图如图2-7所示。

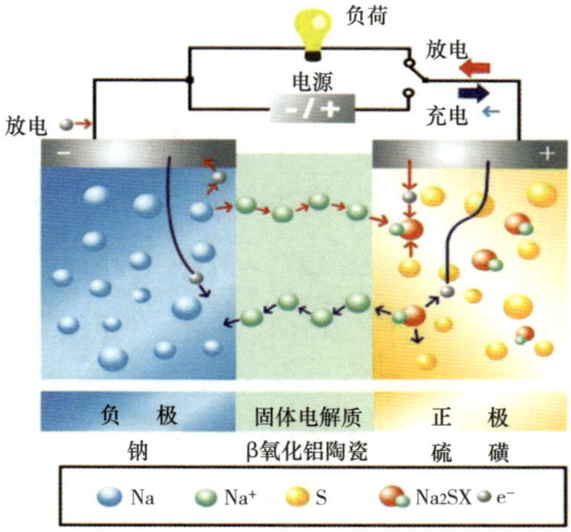


图2-7　钠硫电池示意图

## 2.1.3 电磁储能

### 1. 超导储能

超导储能工作原理：通过功率变换器将电网的能量以电磁能的形式储存在超导磁体中，根据电网或负荷需要，再通过功率变换器将能量馈送给电网或负荷。

超导储能是利用超导体的电阻为零的特性制成的储存电能的装置。超导储能系统大致包括超导线圈、低温系统、功率调节系统和监控系统四大部分。超导材料技术开发是超导储能技术的重中之重。超导材料大致可分为低温超导材料、高温超导材料和温室超导材料。

超导储能优势主要有以下几个方面：超导储能能量密度高，可以建成容量规模大、功率高的储能系统；储能设施结构简单，不需要考虑动密封和旋转机械构件运行的问题，寿命期限较长；储能系统响应速度快，为1~100ms，调频调压速度快难度低。但是超导储能技术的局限性在于降温制冷需求和超导线材质的费用成本高，因此通常与柔性交流输电和不间断电源等短期能源配合使用。超导储能示意图如图2-8所示。

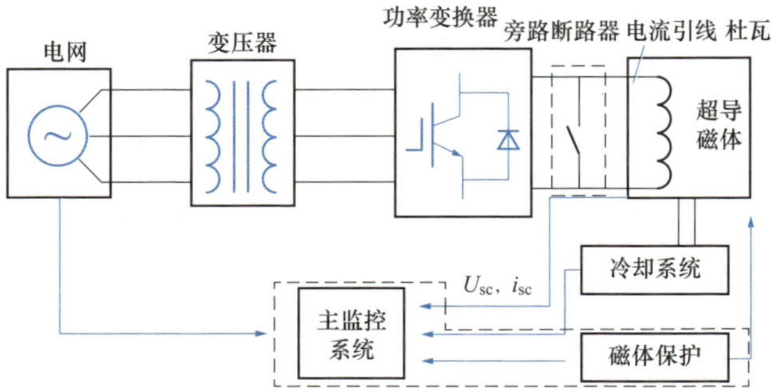


图2-8　超导储能示意图

### 2.超级电容储能

超级电容储能也称双电层电容器，其中的电荷以静电方式存储在电极和电解质之间的电层界面上，在整个充放电过程中，不发生化学反应。在两个电极上施加电场后，溶液中的阴、阳离子分别向正、负电极迁移，在电极表面形成双电层；撤消电场后，电极上的正负电荷与溶液中的相反电荷离子相吸引而使双电层稳定，在正负极间产生相对稳定的电位差。这时对某一电极而言，会在一定距离内（分散层）产生与电极上的电荷等量的异性离子电荷，使其保持电中性；当将两极与外电路连通时，电极上的电荷迁移在外电路中产生电流，溶液中的离子迁移到溶液中呈电中性。超级电容储能的优点为充放电速度快（最主要优势）、使用寿命长、大电流放电能力强，缺点为能量密度低、制造成本高。超级电容储能示意图如图2–9所示。

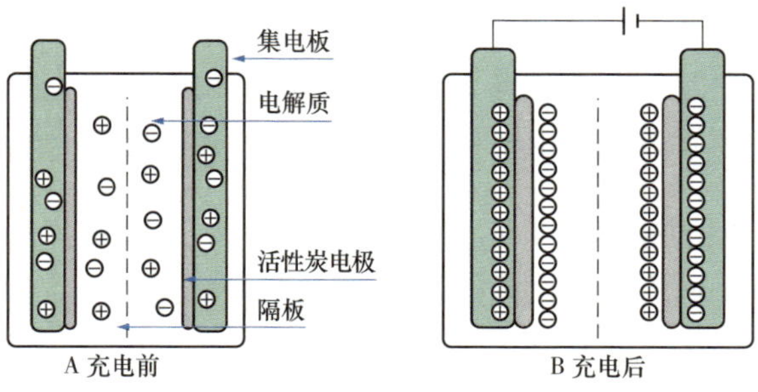


图2-9　超级电容储能示意图

## 2.1.4 热储能

热储能技术是以储热材料为媒介，将太阳能光热、地热、工业余热、低品位废热等或者将电能转换为热能储存起来，需要时可以被转化回电能，也可直接利用而不再转化回电能，以解决由于时间、空间或强度上的电、热供给与需求间不匹配所带来的问题，最大限度地提高整个系统的能源利用率。热储能相比于电化学储能、电气储能等其他储能技术路线，在装机规模、储能密度、技术成本、使用寿命等方面具有明显优势；而与压缩空气储能和抽水蓄能这两种机械储能技术相比，热储能技术具有占地面积小、成本低、储能密度高、对环境影响小、不受地理环境限制等诸多优势。热储能技术作为一种能量密度高、转换高效化、应用成本化的大容量规模化储能方式，将在构建清洁低碳安全高效的能源体系、构建以新能源为主体的新型电力系统、保障电力系统安全稳定运行等方面发挥重要作用。热储能示意图如图2-10所示。

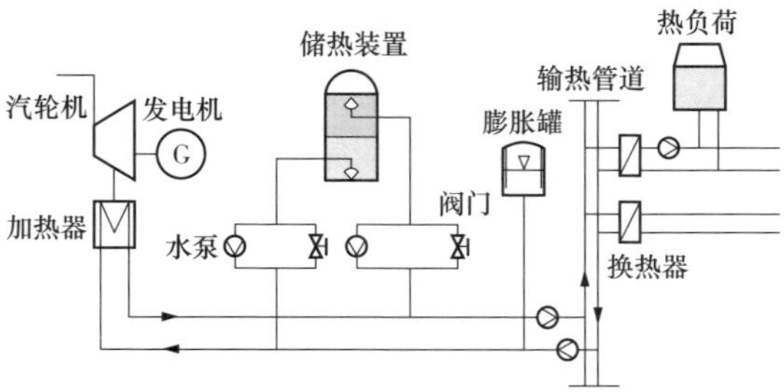


图2-10 热储能示意图

## 2.1.5 氢储能

在可再生能源高占比的电力系统中，弃风、弃光问题随着风电、光伏发电装机总容量的不断增加而日益突出。由于风电、光伏发电出力的预测准确程度有限，其出力随机性会对电网造成一定冲击。氢储能技术是利用电力和氢能的互变性而发展起来的：利用电解制氢，将间歇波动、富余电能转化为氢能储存起来；在电力输出不足时，利用氢气通过燃料电池或其他发电装置发电回馈至电网系统。氢燃料电池是一种将氢气所具有的化学能直接转换成电能的装置，基本原理是氢气进入燃料电池的阳极，在催化剂作用下分解成气质子和电子，形成的氢质子穿过质子交换膜达到燃料电池阴极并与氧气结合生成水，电子则通过外部电路到达燃料电池阴极形成电流，整个能量储存与释放过程清洁高效、生产灵活。氢储能示意图如图2-11所示。

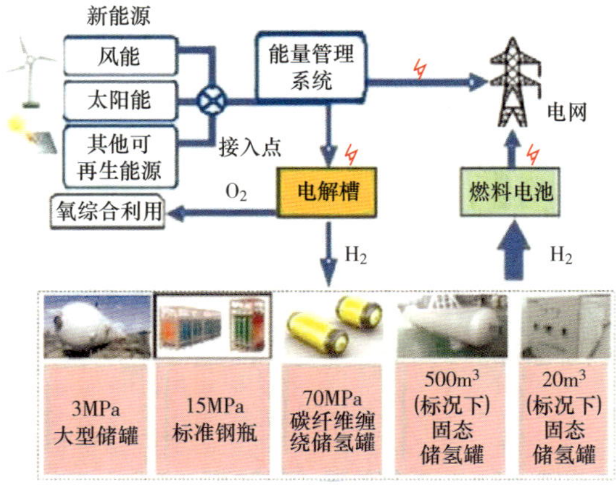


图2-11　氢储能示意图

## 2.2 储能电站发展现状

随着世界各国开展清洁能源转型活动，电力系统的安全稳定性问题逐渐显现，作为电力系统中重要的灵活性调节资源，储能电站的发展受到全球多个国家的重视。

## 2.2.1 国外储能发展现状

### 1.全球储能发展概况

截至2022年底，全球已投运电力储能项目累计装机规模237.2GW，年增长率15%。抽水蓄能累计装机规模占比首次低于80%，与2021年同期相比下降6.8个百分点；新型储能累计装机规模达45.7GW，是去年同期的近2倍，年增长率80%，锂离子电池仍占据绝对主导地位，年增长率超过85%，其在新型储能中的累计装机占比与2021年同期相比上升3.5个百分点。全球新型储能市场累计装机规模（2011—2022年）如图2-12所示。

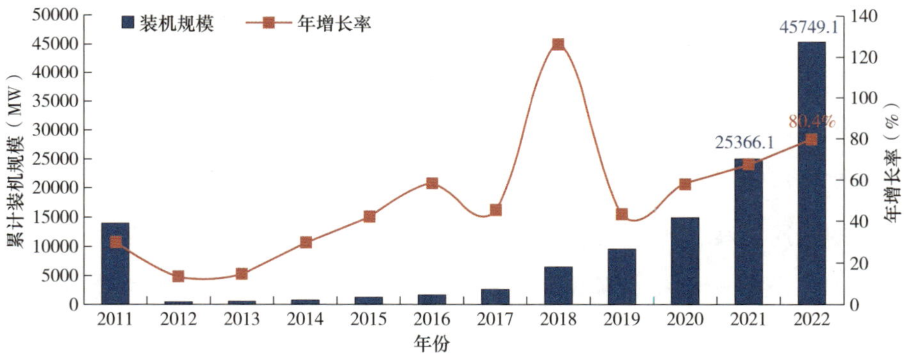


图2-12 全球新型储能市场累计装机规模（2011—2022年）

2022年，全球储能市场继续高速发展，新增投运电力储能项目装机规模30.7GW，同比增长98%。其中，新型储能新增投运规模首次突破20GW，达到20.4GW，是2021年同期的2倍。中国、欧洲和美国继续引领全球储能市场的发展，三者合计占全球市场的80%，比2021年同期上升6个百分点。2022年全球新增投运新型储能项目的地区分布如图2-13所示。

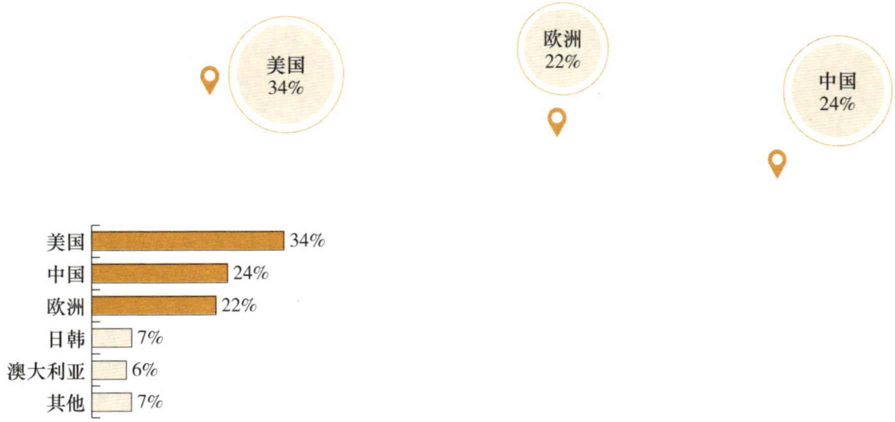


图2-13　2022年全球新增投运新型储能项目的地区分布

### 2. 美国储能发展现状

2022年，美国新增装机规模突破4GW，同比增长39%，尽管增速同过去两年相比有所下降（2020、2021年增速均超过100%），但美国依然是全球最重要的储能市场之一。应用场景上，独立储能、新能源配储等表前储能占比进一步提升，装机占比超过90%。地域分布上，得益于光伏发电、风电的快速发展，无论是已投运项目还是处于开发中的项目，加利福尼亚州和得克萨斯州都位居前两位。美国单个电池储能项目装机规模越来越大，功率规模均值与2021年同期相比增幅超过60%。

2022年8月通过的《通胀削减法案》（Inflation Reduction Act of 2022，简称IRA）为美国能源安全和气候变化提供至少3690亿美元的支持，储能可以正式以独立主体身份获得最高70%的投资税收抵免，不再必须与太阳能发电配合使用。这将会显著改善美国独立储能项目收益水平，激励开发商加快独立储能电站的部署，推动美国储能进入全新的发展阶段，为美国储能行业未来十年的快速发展奠定基础。

### 3. 欧洲储能发展现状

2022年欧洲新增装机规模突破5GW，七成的装机来自家储领域。受世界形势影响，欧洲能源危机加剧，天然气和石油价格大幅上涨，导致欧洲多个国家居民电价上涨3倍以上，叠加补贴政策激励效应，导致欧洲家储市场规模激增，推动德国、意大利、奥地利和英国成为欧洲的四大家储市场。应用模式上，家储系统几乎已成为屋顶光伏的标配，以德国为例配置比例高达70%。据欧洲光伏产业协会（SPE）预测，2026年欧洲家储市场规模将达到44.4GWh，实现近5倍的增长。

随着越来越多的国家对储能开放电力市场表前储能项目，从以往集中部署在德国和英国开始向爱尔兰、法国、比利时、意大利、希腊、西班牙等多国规划延伸。储能可以提供关键的能源转换和快速响应灵活性服务的功能已在欧洲联盟（简称欧盟）层面形成共识，欧盟委员会认为储能是实现欧洲可再生能源整合和建立安全、低排放和负担得起的能源系统的关键组成部分。但以目前储能的发展速度尚无法满足这些需求，因此欧洲储能联盟（EASE）为此制定了2030年部署187GW、2050年部署600GW储能的战略目标，指导加速储能系统的部署，加快推进摆脱外部能源依赖，以及构建本地化的、可持续的、安全的绿色能源系统的进程。

### 2.2.2 国内储能发展现状

中国正面临电力系统的绿色低碳转型与能源结构的转型。电源结构中，新能源发电的占比在逐渐攀升。新能源出力波动较大且具有不确定性，与用电负荷曲线难以很好的匹配，进而加重了常规电源的调节负担。在负荷低谷期间，新能源出力较大，导致电力系统调峰困难，在负荷高峰时段，新能源出力水平较低，导致电网必须采取有序用电措施。储能可以提供调峰、调频、备用等多种辅助服务，是电力系统中重要的灵活性调节资源，近年来越来越受到我国国家层面及各省市层面的重视，装机容量持续快速增长，技术水平不断提升。

### 1. 国内储能装机容量概况

根据中关村储能产业技术联盟（CNESA）全球储能项目库的不完全统计，截至2022年底，中国已投运电力储能项目累计装机规模59.8GW，占全球市场总规模的25%，年增长率38%。抽水蓄能累计装机占比首次低于80%，与2021年同期相比下降8.3个百分点，新型储能继续高速发展，累计装机规模首次突破10GW，达到13.1GW/27.1GWh，功率规模年增长率达128%，能量规模年增长率达141%。2012—2022年中国新型储能装机规模如图2-14所示。

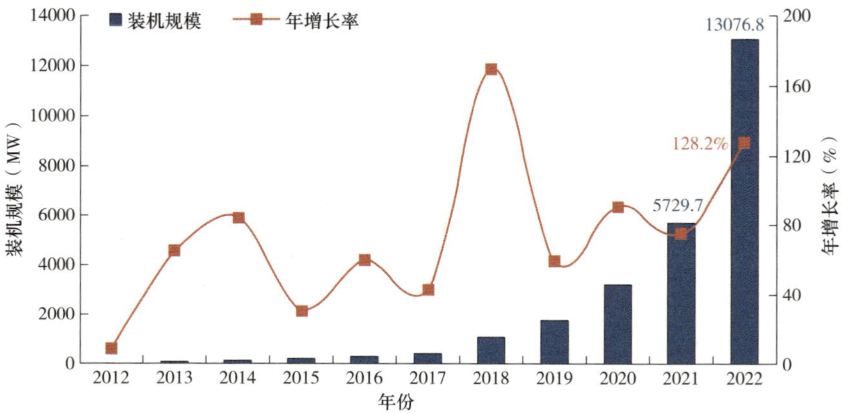


图2-14　2012—2022年中国新型储能装机规模

### 2. 各储能技术类型发展情况

经过“十二五”和“十三五”期间国家和产业的持续投入，中国储能技术水平快速提升，在关键技术和示范方面也均取得重要进展，中国已成为世界储能技术研发和示范的主要核心国家之一。压缩空气储能、热储能、铅蓄电池、锂离子电池、液流电池和钠离子电池已达到或接近世界先进水平；抽水蓄能、飞轮储能、超级电容储能和其他储能新技术和世界先进水平还有一定差距，但总体差距在逐步缩小。我国各类储能技术发展阶段见表2-2。

表2-2 我国各类储能技术发展阶段

| 储能技术 | 基本原理 | 概念研究 | 实验研究 | 原理样机 | 完整测试 | 模拟环境 | 真实环境 | 定型试验 | 商业应用 |
|---|---|---|---|---|---|---|---|---|---|
| 抽水蓄能 | √ | √ | √ | √ | √ | √ | √ | √ | √ |
| 海水抽水蓄能 | √ | √ | √ | √ | √ | √ | | | |
| 传统压缩空气储能 | √ | √ | √ | √ | √ | √ | √ | √ | √ |
| 超临界压缩空气储能 | √ | √ | √ | √ | √ | √ | √ | | |
| 飞轮储能 | √ | √ | √ | √ | √ | √ | √ | √ | √ |
| 飞轮阵列 | √ | √ | √ | √ | √ | √ | √ | | |
| 超导储能 | √ | √ | √ | √ | √ | √ | √ | | |
| 铅酸电池 | √ | √ | √ | √ | √ | √ | √ | √ | √ |
| 铅炭电池 | √ | √ | √ | √ | √ | √ | √ | √ | |
| 锂电池 | √ | √ | √ | √ | √ | √ | √ | √ | √ |
| 钒液流电池 | √ | √ | √ | √ | √ | √ | √ | √ | √ |
| 其他液流电池 | √ | √ | √ | √ | √ | | | | |
| 钠硫电池 | √ | √ | √ | √ | √ | √ | √ | √ | √ |
| 水系钠基电池 | √ | √ | √ | | | | | | |
| 超级电容储能 | √ | √ | √ | √ | √ | √ | √ | √ | |

2022年中国新增投运电力储能项目装机规模首次突破15GW，达到16.5GW。其中抽水蓄能新增规模9.1GW，同比增长75%。新型储能新增规模创历史新高达到7.3GW/15.9GWh，功率规模同比增长200%，能量规模同比增长280%。新型储能中离子电池占据绝对主导地位，比重达97%。此

外，压缩空气储能、液流电池、钠离子电池、飞轮储能等其他技术路线的项目在规模上有所突破，应用模式也逐渐增多。2022我国各类储能装机规模占比如图2-15所示。

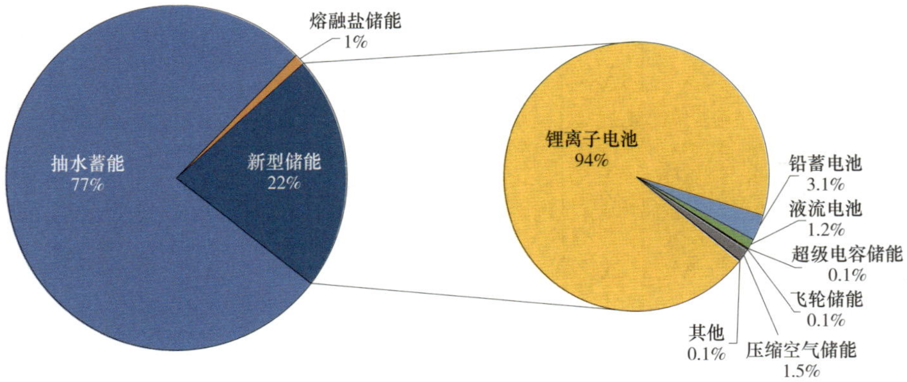


图2-15　2022我国各类储能装机规模占比

## 2.3 储能电站发展相关政策

### 2.3.1 国外储能发展政策

**1. 美国**

美国储能产业发展走的是高度市场化路线，市场机制为储能提供了顺畅的成本传导机制和丰富的收益来源。

从大方向政策来看，美国设立了要在2035年使用100%绿电以及2050年达到净零排放的目标，还订立多项法案打算投入数亿美元于储能项目。美国各州也拟定相应储能目标法案，例如美国加州公用事业委员会（CPUC）第2514号法案要求美国公用事业公司（IOU）在2020年前采购1325MW储能，并于2024年前开始营运。

2020年12月21日，美国能源部发布报告《储能大挑战路线图》，进一步提升了储能发展战略地位。报告中重点探讨了储能领域三个不同的技术方向，包括双向电力储能技术、化学储能和热储能技术、灵活性电源和可控负荷。除储能技术外，美国能源部通过梳理各相关部门的职能，构建各层级政府间、各相关部门间的储能工作协调与参与机制，帮助消除政策决策者最大化储能价值的障碍，并提出了具体行动和衡量行动是否成功的标准。

其他较具体的政策也都是推动美国储能发展很大的助力，如联邦投资税抵免与加州自发电奖励计划，前者奖励私营单位投资再生能源项目。加州的自发电激励计划（SGIP）从2011年起开始给予用户侧分布式储能系统一定的安装补贴；2014年6月，加州政府将资助延期至2019年，提供1.63美元/W的储能安装补贴。再加上2013年加州出台的2020年1.325GW的储能采购目标中包含210MW的用户侧分布式储能，2017年在SGIP计划中增加了平衡预算，除此以外还有投资税减免（ITC）法案。2021年9月，储能系统ITC激励措施被纳入美国众议院税收编写财会委员会的议案草案中。2021年11月，美国众议院通过了拜登1.75万亿美元的刺激法案，根据该法案，储能将获得单独的ITC退税，其中高于5kWh的储能系统到2026年将获得最高30%的ITC退税，这是首次针对储能制定单独的ITC退税。储能系统容量达5kWh以上可以抵免一定税额，2020年底美国重建美好法案更是将该项政策补贴延长至2033年，美国由原本建设储能系统只补贴到2022年，并且于2020年开始降低补贴比例，至目前政策可以抵免至2031年底，并于2032年才开始逐步降低，该政策也被视为推动储能产业的一大助力。而加州自发电奖励计划总预算有12亿美元，其补贴方式是对安装储能系统的用户依照风险与收入进行不同分类，并采用分阶段补贴，该政策也是刺激加州储能发展迅速的主要原因。除此之外，美国拨出116亿美元预算，期望在2030年前将长时间储能的价格降低90%，达到0.05美元/kWh的目标。

### 2.日本

2016年开始，日本政府持续推进清洁技术，经济产业省（METI）将针对商业领域的工厂和小企业推出7790万美元的能源效率和存储技术激励方案。METI为该方案申请了1.24亿美元，作为补充预算的一部分，LED照明、高效锅炉技术和分布式能源存储将被列入该方案。另外，METI计划向光伏电站和电网变电站的能量存储系统提供激励机制，部署电池系统以增强电网实力，促进可再生能源普及率的增长水平。

福岛核事故后，日本迈出了打破电力行业垄断的第一步，颁布了电气修改法，提高了配电部门的独立性，实现国内跨区域电力调配，把储能技术开发作为实现日本下一步电力系统改革的一个重要组成部分。之后，日本陆续出台《面向2030年能源环境创新战略》等战略计划，提出了能源保障、环境、经济效益和安全并举的方针，继续支持发展核能，推进节能和可再生能源，发展新储能技术，发展整体煤气化联合循环、整体煤气化燃料电池循环等先进煤炭利用技术。预计截至2030年，日本新能源发电量将占到总发电量的35%。2018年3月30日，召开讨论2025年时的长期能源政策课题的专家会议，提出一份战略草案，把可再生能源定位为“成为主力的可能性正在大幅扩大的电源”，把可再生能源作为“主力电源”。

2018年7月，日本内阁决议批准了“第五次基本能源计划”，该计划代表日本能源领域的基本政策，是能源政策的基准法律文件，日本政府对该计划的执行承担义务。关于可再生能源，计划中首次提出到2050年将可再生能源发展成为日本主要的电力能源之一，这是此次计划的一大亮点。但是，在2030年国家能源结构的规划上，此前设定的发展目标并未做出调整，依然是核电占比20%~22%，可再生能源占比22%~24%。

除此以外，日本采用激励措施来鼓励住宅采用储能系统，以缓解大量涌入的分布式太阳能带来的电网管理挑战，这也促使电池储能系统的需求不断增加。由于日本国土面积小、需求量占比大，以及地貌特征等因素，相比于大规模的太阳能发电站，屋顶光伏产业和分布式电站的发展在近几年上升趋势明显。调查报告表明，2022年在储能电池部署方面，日本将会超越澳大利亚和德国位列第三。日本经济产业省出资约为9830万美元的预算，为装设锂离子电池的家庭和商户提供66%的费用补贴。为鼓励新能源走进住户，政府对实施零能耗房屋改造的家庭提供一定的补贴，补贴来自中央政府和地方政府两个渠道，截至2022年，政府补贴能够占到整个电池零售价格的40%~50%。

### 3.英国

英国政府通过修订储能相关政策及电力市场规则，并制定29项行动方案推进储能市场的发展。2020年7月，英国内阁通过二级立法，取消电池储能项目容量的限制，英格兰地区可部署50MW的储能项目，威尔士地区可部署350MW的储能项目。英国政府希望通过允许部署更多电池储能项目来平衡电网的发展，构建出相对智能、灵活的电力系统。除此以外，还有以下方面的政策：

（1）取消50MW规模限制。在英国2004年《电力法》中，50MW以上的发电项目需要申请牌照，使得大部分储能项目规模设定为49MW，限制了对储能的投资意愿。因获取牌照后，项目必须加入国家重大基础设施项目（NSIP）范畴，体系不一定完全适用于储能项目，但合规及运营成本增加显著。2020年7月，英国取消单个储能项目的功率上限，所有形式、所有规模的储能项目不再适用NSIP制度，在规模限制取消后，可再生能源开发商成为规划和部署更大规模储能项目的主力军；负荷聚合商通过聚合分布式储能资源参与辅助服务、平衡机制等市场，也开始逐渐崭露头角。

（2）电力法提高储能定位。2017年，英国修订电力法，明确储能的许可证和规划制度，将储能的定义从单纯的发电资产丰富至电力系统的组成部分，因此在现有规则体系下，电网运营商可以对储能项目进行投资。

（3）取消双重收费。改革前，储能项目既要在入口端（充电过程）缴纳系统费用，也要在出口端（放电过程）缴纳系统费用，面临双重付费的情况。2020年5月，双重收费制度修改，储能设施只支付发电端的费用。

（4）补贴+与可再生能源共享站址。英国有数项针对低碳发电的补贴政策，包括气候变化费、可再生能源义务（renewable obligation，RO）、上网电价（feed in tariffs，FIT）、差值合同等。针对已经获得RO和FIT补贴的发电项目，如果项目业主希望在站内加装附属储能设施，则视同对发电项目本身进行变更，需要将相关事项通知监管机构，监管机构会按照相关规则进行个案评估，以确定改造后的设施是否仍然可以享受RO或FIT补贴。

（5）参与容量市场。容量市场制度是英国政府为了鼓励发电环节投资、保障电网系统稳定推出的一项举措。在容量合同制度下，自2017年12月起，英国政府针对不同技术路线的储能项目设定了不同的技术规格要求和结算指标，充放周期更长的储能项目将获得更高的收入回报。2020年5月，英国商业、能源及工业策略部发布了关于容量市场制度的最新政策性文件，其中的主要变化之一是加入了对碳排放量的限制，这意味着高排放的化石能源发电项目参与容量市场合同的竞标将受到限制，而清洁发电能源以及储能项目将从这一新政中获益。

（6）优化调频辅助服务市场规则。储能项目可以参与固定频率响应与增强频率响应等合同的竞争。过去电网公司会在此类合同设定排他性条款，即一旦中标，该等合同将构成相关项目的唯一收入来源，储能项目的收入较为单一，从而降低了整个项目的可行性。为进一步鼓励储能领域的投资，监管机构于2018年9月开始移除相关合同中的排他性条款，公开征集意见。同时，英国国家电网开始适度地延长储能项目签订固定频率响应合同的期限——由过去的最长不超过2年，延长到4年，提供更长时间跨度的收入稳定性，以进一步鼓励和吸引投资。

### 4.德国

德国表前储能至今未能通过立法赋予其独立市场地位，导致项目落地面临诸多问题：①至今未明确其独立的市场地位，同时适用发电方和用电方监管规则；②双重身份导致项目批复手续繁杂冗长，影响项目落地效率；③双重身份导致充放电双重征税，极大影响经济性。

相比表前市场，德国表后储能市场政策持续发展：

（1）2013—2018年，德国政府通过德国复兴银行为配置户用储能的家庭提供低息贷款，并提供最高30%的直接安装补贴。

（2）德国各州政府出台多种优惠政策，如允许购置户用储能设备成本用于抵免个人所得税或直接获得补贴等，降低居民购置负担。

（3）户用光伏配储是德国户用储能的唯一应用场景（德国居民电价无峰谷差别，无单独配储套利场景），持续超过20年的户用光伏鼓励政策也变相提高了储能装机规模，为其提供发展空间。

除此之外，在2021年修订的《可再生能源法》中，德国进一步加快可再生能源发展，同时为降低电力用户负担，部分可再生能源附加费将由联邦预算资助。2022年4月6日，德国联邦政府内阁通过了旨在摆脱化石燃料、加速清洁能源发展的一系列立法草案，集中提出了对多项能源法案的修订建议，并且设立了两阶段目标：2030年实现80%的可再生能源供电，2035年争取实现100%可再生能源供电。

## 2.3.2 国内储能发展政策

近年来，我国储能产业迅速发展，国家和地方层面都有支持性文件发布。

（1）国家层面。储能的相关概念在《中华人民共和国国民经济和社会发展第十二个五年规划纲要》中开始被提及，并明确发展储能等先进技术；《中华人民共和国国民经济和社会发展第十三个五年规划纲要》进一步明确，大力推进高效储能与分布式能源系统领域创新和产业化；《“十四五”规划和2035远景目标纲要》指出，要提升清洁能源存储能力，提升输配电能力，加快新型储能技术规模化应用，实施电化学储能示范项目，开展黄河梯级电站大型储能项目研究。近年国家层面储能产业发展相关政策见表2–3。

### 表2–3　近年国家层面储能产业发展相关政策

| 政策名称 | 要点 |
| --- | --- |
| 国务院办公厅关于印发《能源发展战略行动计划（2014—2020年）》的通知（国办发〔2014〕31号） | 首次将储能列入9个重点创新领域之一，要求科学安全安排储能配套能力以切实解决弃风、弃光、弃水问题 |
| 《中共中央 国务院关于进一步深化电力体制改革的若干意见》（中发〔2015〕9号） | 明确储能参与调峰和可再生能源消纳的身份 |
| 《发展改革委　能源局　工业和信息化部关于推进“互联网+智慧能源发展的指导意见”》（发改能源〔2016〕392号） | 鼓励在集中式新能源并网中建设一定装机容量的储能电站，平抑新能源出力的不稳定性，加强储能与新能源、电网的协调优化运行；鼓励在储能系统中梯次利用电动汽车换下的废旧电池，以提高资源利用率；鼓励在家庭用户中安装分布式储能设备 |
| 《中华人民共和国国民经济和社会发展第十三个五年规划纲要》 | 加快推进大规模储能等技术研发应用，大力推进高效储能等新兴前沿领域创新和产业化 |
| 国家发展改革委 国家能源局关于印发《能源技术革命创新行动计划（2016—2030）》的通知（发改能源〔2016〕513号） | 明确提出先进技术创新，研究面向电网调峰提效、区域供能应用的物理储能技术，研究面向可再生能源并网、分布式能源及微网、电动车应用的储能技术 |
| 三部门关于印发《中国制造2025-能源装备实施方案》的通知（发改能源〔2016〕1274号） | 储能设备要做好技术攻关、试验示范和推广应用 |
| 《国家能源局关于促进储能参与“三北”地区电力辅助服务补偿（市场）机制试点工作的通知》（国能监管〔2016〕164号） | 探索电储能在电力系统运行中的调峰调频作用及商业化应用，推动建立促进可再生能源消纳的长效机制 |

续表

| 政策名称 | 要点 |
| --- | --- |
| 《可再生能源发展“十三五”规划》（发改能源〔2016〕2619号） | 推动储能技术示范应用，配合国家能源战略行动计划，推动储能技术在可再生能源领域的示范应用，促进储能产业在参与市场、拓宽领域、创新技术的发展 |
| 《关于促进我国储能技术与产业发展的指导意见》（发改能源〔2017〕1701号） | 要着力推进储能技术装备研发示范，储能提升可再生能源利用水平应用示范，储能提升能源电力系统灵活性、稳定性应用示范，储能提升用能智能化水平应用示范，储能多元化应用支撑能源互联网示范等重点任务 |
| 《国家发展改革委 国家能源局关于开展分布式发电市场化交易试点的通知》（发改能源〔2017〕1901号） | 鼓励分布式发电项目安装储能设施 |
| 国家能源局关于印发《完善电力辅助服务补偿（市场）机制工作方案》的通知（国能发监管〔2017〕67号） | 按电力系统需要增加辅助服务主体，推动需求侧可利用资源和储能系统参与提供辅助服务，第三方也可提供辅助服务 |
| 《中共中央国务院关于推进价格机制改革的若干意见》 | 研究有利于储能发展的价格机制 |
| 《国家能源局关于印发2018能源工作指导意见的通知》（国能发规划〔2018〕22号） | 积极推进储能技术试点示范项目建设 |
| 《南方电网公司关于促进电化学储能发展的指导意见（征求意见版）》 | 支持各类主体按照市场规划投资、建设、运营储能系统 |

（2）地方层面。大多数省份出台了“十四五”期间储能发展政策，对本省未来一段时期的储能发展的基本方向与基本规划进行阐述。例如《河北省“十四五”新型储能发展规划》《省发展改革委关于印发江苏省"十四五”新型储能发展实施方案的通知》（苏发改能源发〔2022〕831

号）等。

部分地区通过度电补贴的形式对储能建设提供支持。例如西安市对2021年1月1日—2023年12月31日建成运行的光伏储能系统，自项目投运次月起对储能系统按实际充电量给予投资人1元/kWh补贴；新疆对符合要求的电储能设施充电量进行补偿，标准为0.55元/kWh。

部分地区要求/建议新能源发电项目配置储能。例如内蒙古自治区能源局印发《2020年光伏发电项目竞争配置方案》，优先支持光伏+储能项目建设，光伏电站储能容量不低于5%，储能市场在1h以上；《甘肃省发展和改革委员会关于加快推进全省新能源存量项目建设工作的通知》（甘发改能源〔2021〕137号）鼓励在建存量项目按河西5市（酒泉、嘉峪关、张掖、金昌、武威）配置10%~20%储能，其他地区按5%~10%配置配套储能设施。

## 2.4 储能电站应用功能作用

从整个电力系统的角度看，储能的应用场景可以分为电源侧、电网侧和用户侧三大场景。实际应用中，需要根据各种场景的需求对储能技术进行分析，以找到最适合的储能技术。基于新型电力系统主要环节的需求对储能技术应用价值进行分析，不同应用场景下储能技术的功能应用如图2-16所示。

在实际应用中，储能的某一功能应用并不局限于单一应用场景，如能量时移、负荷跟踪等，可同时应用于电源侧、电网侧和用户侧，以此实现源网荷储协调运行。

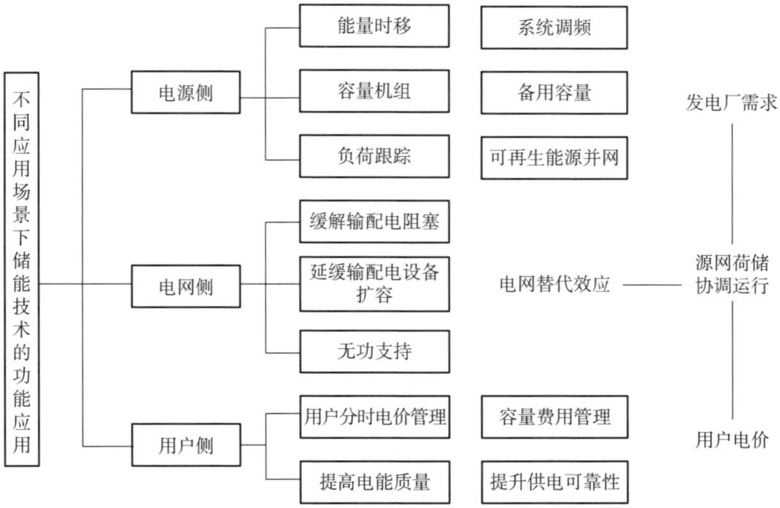

图2-16　不同应用场景下储能技术的功能应用

## 2.4.1　电源侧储能

从电源侧的角度看，储能的需求终端是发电厂。由于不同的电力来源对电网的不同影响，以及负载端难预测导致的发电和用电的动态不匹配，电源侧储能应用价值类型较多，包括能量时移、容量机组、负荷跟踪、系统调频、备用容量、可再生能源并网等，电源侧储能应用类型及特征见表2-4。

**表2-4　电源侧储能应用类型及特征**

| 电源侧应用 | 应用类型 | 放电时长 | 年运行频率（次） | 响应时间 |
|---|---|---|---|---|
| 能量时移 | 能量型应用 | 8h | 300 | 小时级 |
| 容量机组 | 能量型应用 | 4h | 200 | 小时级 |
| 负荷跟踪 | 功率型应用 | 2h | 1000 | 分钟级 |
| 系统调频 | 功率型应用 | 15min | 4000 | 秒级 |

续表

| 电源侧应用 | 应用类型 | 放电时长 | 年运行频率（次） | 响应时间 |
|---|---|---|---|---|
| 备用容量 | 功率型应用 | 15min | 10 | 秒级 |
| 可再生能源并网 | 能量型/功率型应用 | 5min | 4000 | 秒级 |

### 1.能量时移

能量时移是指通过储能的方式实现用电负荷的削峰填谷，即发电厂在用电负荷低谷时段对电池充电，在用电负荷高峰时段将存储的电量释放。此外，将可再生能源的弃风弃光电量存储后再移至其他时段进行并网也是能量时移。能量时移属于典型的能量型应用，其对充放电的时间没有严格要求，对于充放电的功率要求也比较宽，但由于用户的用电负荷及可再生能源的发电特征导致能量时移的应用频率相对较高，年运行频率在300次以上。

### 2.容量机组

由于用电负荷在不同时间段有差异，煤电机组需要承担调峰能力，因此需要留出一定的发电容量以应对尖峰负荷，这使得火电机组无法达到满发状态，影响机组运行的经济性。采用储能可以在用电负荷低谷时充电，在用电尖峰时放电以降低负荷尖峰。利用储能系统的替代效应将煤电的容量机组释放出来，从而提高火电机组的利用率，增加其经济性。容量机组属于典型的能量型应用，其对充放电的时间没有严格要求，对于充放电的功率要求也比较宽，但由于用户的用电负荷及可再生能源的发电特征导致其应用频率相对较高，年运行频率在200次左右。

### 3.负荷跟踪

负荷跟踪是指针对变化缓慢的持续变动负荷，进行动态调整以达到实时平衡的一种辅助服务。变化缓慢的持续变动负荷又可根据发电机组运行的实际情况细分为基本负荷和爬坡负荷，负荷跟踪则主要应用于爬坡负荷，即通过调整出力大小，尽量减少传统能源机组的爬坡速率，让其尽可能平滑过渡到调度指令水平。负荷跟踪和容量机组相比，对放电响应时间要求更高，要求响应时间在分钟级。

### 4.系统调频

频率的变化会对发电及用电设备的安全高效运行及寿命产生影响，因此频率调节至关重要。在传统能源结构中，电网短时间内的能量不平衡是由传统机组（在我国主要是火电和水电）通过响应自动发电控制（AGC）信号来进行调节的。随着新能源的并网，风光的波动性和随机性使得电网短时间内的能量不平衡加剧，传统能源（特别是火电）由于调频速度慢，在响应电网调度指令时具有滞后性，有时会出现反向调节之类的错误动作，因此不能满足新增的需求。相较而言，储能（特别是电化学储能）调频速度快，电池可以灵活地在充放电状态之间转换，成为非常好的调频资源。和负荷跟踪相比，系统调频的负荷分量变化周期在分秒级，对响应速度要求更高（一般为秒级响应），对负荷分量的调整方式一般为AGC。但是系统调频是典型的功率型应用，其要求在较短时间内进行快速的充放电，采用电化学储能时需要有较大的充放电倍率，因此会减少一些类型电池的寿命，从而影响其经济性。

### 5.备用容量

备用容量是指在满足预计负荷需求以外，针对突发情况时为保障电能质量和系统安全稳定运行而预留的有功功率储备，一般备用容量需要在系统正常电力供应容量的15%~20%，且最小值应等于系统中单机装机容量最大的机组容量。由于备用容量针对的是突发情况，一般年运行频率较低，如果是采用电池单独做备用容量服务，经济性无法得到保障，因此需要将其与现有备用容量的成本进行比较来确定实际的替代效应。

### 6.可再生能源并网

由于风电、光伏发电出力具有随机性、间歇性的特点，其电能质量相比传统能源较差。由于可再生能源发电的波动（频率波动、出力波动等）在数秒到数小时之间，因此既有功率型应用也有能量型应用，一般可以将其分为可再生能源能量时移、可再生能源发电容量固化和可再生能源出力平滑三类应用。例如针对光伏发电弃光的问题，需要将白天发出的剩余电量进行储存以备夜间放电，属于可再生能源的能量时移。而针对风电，由于风力的不可预测性，导致风电的出力波动较大，需要将其平滑，因而以功率型应用为主。

## 2.4.2 电网侧储能

储能在电网侧的应用主要包括缓解输配电阻塞、延缓输配电设备扩容及无功支持三类，相对于电源侧的应用，电网侧的应用类型相对较少，同时从效果的角度来看更多是替代效应，电网侧储能应用类型及特征见表2-5。

表2-5 电网侧储能应用类型及特征

| 电网侧应用 | 应用类型 | 放电时长 | 年运行频率（次） | 响应时间 |
| --- | --- | --- | --- | --- |
| 缓解输配电阻塞 | 能量型应用 | 3h | 50 | 分钟级 |
| 延缓输配电设备扩容 | 能量型应用 | 3h | 10 | 分钟级 |
| 无功支持 | 功率型应用 | <1min | 1000 | 秒级 |

### 1. 缓解输配电阻塞

线路阻塞是指线路负荷超过线路容量，将储能系统安装在线路上游，当发生线路阻塞时可以将无法输送的电能储存到储能设备中，等到线路负荷小于线路容量时，储能系统再向线路放电。一般对于储能系统要求放电时间在小时级，运行次数为50~100次，属于能量型应用，对响应时间有一定要求，需要在分钟级响应。

### 2. 延缓输配电设备扩容

传统的电网规划或者电网升级扩建成本很高。在负荷接近设备容量的输配电系统内，如果一年内大部分时间可以满足负荷供应，只在部分高峰特定时段会出现自身容量低于负荷的情况时，可以利用储能系统通过较小的装机容量有效提高电网的输配电能力，从而延缓新建输配电设施成本，延长原有设备的使用寿命。相比较缓解输配电阻塞，延缓输配电设备扩容工作频次更低，考虑到电池老化，实际可变成本较高，因此对电池的经济性提出了更高的要求。

#### 3. 无功支持

无功支持是指在输配线路上通过注入或吸收无功功率来调节输电电压。无功功率的不足或过剩都会造成电网电压波动，影响电能质量，甚至损耗用电设备。电池可以在动态逆变器、通信和控制设备的辅助下，通过调整其输出的无功功率大小来对输配电线路的电压进行调节。无功支持属于典型的功率型应用，放电时间相对较短，但运行频次很高。

### 2.4.3 用户侧储能

用户侧是电力使用的终端，用户是电力的消费者和使用者，电源侧及电网侧的成本及收益以电价的形式表现出来，转化成用户的成本，因此电价高低会影响用户的需求。储能在用户侧的应用主要包括：用户分时电价管理、容量费用管理、提高电能质量、提升供电可靠性等，用户侧储能应用类型及特征见表2–6。

表2–6 用户侧储能应用类型及特征

| 用户侧应用 | 应用类型 | 放电时长 | 年运行频率（次） | 响应时间 |
|---|---|---|---|---|
| 用户分时电价管理 | 能量型应用 | 1h | 200 | 分钟级 |
| 容量费用管理 | 能量型应用 | 1h | 200 | 分钟级 |
| 提高电能质量 | 功率型应用 | 10min | 100 | 毫秒级 |
| 提升供电可靠性 | 能量型应用 | 1h | 100 | 秒级 |

### 1. 用户分时电价管理

电力部门将每天24h划分为高峰、平段、低谷等多个时段，对各时段分别制定不同的电价水平，即为分时电价。用户分时电价管理和能量时移类似，区别仅在于用户分时电价管理是基于分时电价体系对电力负荷进行调节，而能量时移是根据电力负荷曲线对发电功率进行调节。

### 2. 容量费用管理

我国对供电部门大工业企业实行两部制电价：电量电价指的是按照实际发生的交易电量计费的电价，容量电价则主要取决于用户用电功率的最高值。容量费用管理是指在不影响正常生产的情况下，通过降低最高用电功率，从而降低容量费用。用户可以利用储能系统在用电低谷时储能，在用电高峰时放电，从而降低整体负荷，达到降低容量费用的目的。

### 3. 提高电能质量

由于存在电力系统操作负荷性质多变、设备负载非线性等问题，用户获得的电能存在电压、电流变化或者频率偏差等问题，此时电能质量较差。系统调频、无功支持就是在电源侧和电网侧提升电能质量的方式。在用户侧，储能系统同样可以进行平滑电压、频率波动，例如利用储能解决分布式光伏系统内电压升高、骤降、闪变等问题。提升电能质量属于典型的功率型应用，具体放电时长及运行频率依据实际应用场景而有所不同，但一般要求响应时间在毫秒级。

### 4. 提升供电可靠性

储能用于提高用户供电可靠性，是指发生停电故障时，储能能够将储备的能量供应给终端用户，避免了故障修复过程中的电能中断，以保证供电可靠性。该应用中的储能设备必须具备高质量、高可靠性的要求，具体放电时长主要与安装地点有关。

## 2.5 本章小结

首先，本章根据储能的技术原理对储能技术类型进行划分，详细介绍了各储能技术类型的特征，对比分析了储能技术发展成熟度；之后，又分别阐述了国内外储能市场的发展现状及相关政策；最后，从电源侧、电网侧、用户侧三方面分析总结了储能电站的应用功能作用。

# 第三章

CHAPTER 3

# 新型电力系统储能电站设备选址评价模型

# 3.1

# 储能技术发展趋势与成熟度分析

## 3.1.1 成熟度概念

成熟度是一个多维度的概念，用于描述系统、过程、技术或组织在其生命周期中的发展和完善程度。这一概念并非仅限于单一方面的进步，而是综合了多个关键因素，以全面评估和衡量某个实体在特定领域内的发展状态。

成熟度评估并非仅关注单一的性能指标，而是综合考虑多个维度，以全面反映某个系统、过程、技术或组织的发展状态，这些维度可能包括技术、管理、经济、市场、政策和用户体验等多个方面。通过多维度的评估，可以更准确地了解被评估对象的整体成熟度。

系统的成熟度评估关注系统在设计、开发、部署和维护等方面的完善程度，包括系统架构的稳定性、性能的可靠性、安全性的保障以及系统的可扩展性和可维护性等方面。

过程的成熟度评估涉及业务流程或工作流程的标准化、优化和管理水平，包括流程定义、执行、一致性、效率、质量控制和改进能力等方面。过程成熟度高意味着流程是高度标准化、优化和持续改进的。

技术成熟度评估关注某项技术从研究开发到实际应用的成熟程度，包括技术的实验验证、原型开发、规模化生产、市场应用和用户反馈等方面。

组织的成熟度评估涵盖组织在管理、运营、文化和战略等方面的成熟程度，包括组织结构的健全性、管理制度的完善性、员工能力的发展、创新能力和应对变化的能力等方面。高成熟度的组织通常具有清晰的战略、有效的管理机制和强大的适应能力。

储能成熟度主要指储能技术、系统或方案在全生命周期中所达到的发展和完善程度。储能技术成熟度评估是一个多维度综合分析过程，通过从技术、经济、市场、政策、环境、应用场景、研发和安全性等多个方面进行系统评估，全面了解储能技术发展状态和提升空间。

## 3.1.2 发展趋势分析

### 1.国际储能发展趋势

国际上多家知名研究公司/机构对未来储能市场都进行过预测，按照领域的不同对预测进行总结，国外知名研究公司/机构对未来储能市场的预测见表3-1。

表3-1 国外知名研究公司/机构对未来储能市场的预测

| 领域 | 研究公司/机构 | 预测 |
| --- | --- | --- |
| 储能市场 | 埃信华迈（IHS Markit） | 全球并网储能市场预计到2025年将实现12%的年复合增长率 |
|  | 美国市场研究机构（Navigant Research） | 储能成本的下降、业务模式的多样化以及储能技术的突破，将推动分布式储能市场在2028年之前扩张近20倍，从目前每年新增1073MW产能，增至19878MW |
| 可再生能源领域 | 国际能源署 | 2050年，美国、欧洲、中国和印度将需要增加310GW并网电力储存能力，为此至少需投资3800亿美元<br>预计全球储能装机容量到2026年达到270GW以上 |
|  | 国际可再生能源署（IRENA） | 2030年，全球规模达到400~600GW，其中325GW来自抽水蓄能 |

续表

| 领域 | 研究公司/机构 | 预测 |
|---|---|---|
| 分布式储能市场 | Navigant Research | 全球分布式储能市场在2028年前实现近20倍的增长，最终总装机容量将达到19878MW |
| 微网储能市场 | Navigant Research | 全球微电网容量将以每年21.4%的速度增长<br>据估计，2019—2028年微电网总容量预计将从3.5GW增加到20GW |
| 电网及辅助服务收入 | Navigant Research | 2024年，全球装机达到20.8GW，收入达到685亿美元 |
| 工商业需求响应市场 | Navigant Research | 2023年，全球收入达到380亿美元 |
| 电动汽车 | Navigant Research | 2023年，全球插电式电动汽车充电服务的收入达到29亿美元<br>2024年，全球车电集成服务达到2070万美元 |
| 北美市场 | IHS Markit | 2025年将新增储能容量10.6GW |
|  | 绿色科技媒体市场研究机构（GTM Research） | 美国储能年度部署到2023年将达到3.9GW，储能市场规模将达到46亿美元 |

从各个研究公司的预测数据可以看出，未来储能的发展前景较为乐观。其中，分布式电源和微网是储能行业特别关注的一个市场。

### 2.国内储能发展趋势

我国电力系统中储能技术的应用还有待提升，储能走向市场实现商业化最少还要十年的时间。“十二五”期间的储能项目多数为示范工程，主要出发点是验证储能的技术可行程度、经济效益和应用成效。2005年，中国储能产业战略随着2005年《国家发展改革委关于印发〈可再生能源产业发展指导目录〉的通知》（发改能源〔2005〕2517号）的出台而开始布局，到2021年《国家发展改革委 国家能源局关于加快推动新型储能发展的指导意见》（发改能源规〔2021〕1051号），明确3000万kW储能发展目标，实现储能跨越式发展，储能产业战略已经到发展的黄金时期，配套政策将更加完善。

国家在储能方面出台的系列政策，逐步实现了储能系统的市场化，从“十三五”到“十四五”期间储能技术开始商业大规模化应用，带来了巨大的经济效益。

大规模储能技术是新能源推广和能源革命的基础，是国家能源战略需求布局的重要组成部分。随着我国“双碳”目标的提出，以光伏发电、风电为代表的新能源发电方式将在“十四五”期间扮演更为重要的角色。近年来，我国锂电池储能产量高速增长，截至2021年底，我国锂电池储能市场产量32GWh，较2020年增长146.15%。2020年我国储能锂电池出货量16GWh，其中电力储能6.6GWh，占比41%；通信储能7.4GWh，占比46%。2021年我国锂电池储能总出货量为37GWh，同比增长131%，其中电力储能占比47%，通信储能占比33%，家庭储能占比15%，便携式储能占比3%，其他类型储能占比2%。储能是有效降低新能源发电对电网冲击的重要手段，是促进新能源发电大规模应用与大规模并网的必要条件，发展前景广阔。自“十四五”时期以来，储能技术由商业化初步发展迈向规模化生产，锂电池储能迈入了新的发展阶段。在新的时代背景下，锂电池储能将会向着智能化、标准化和市场化的方向发展。

我国储能电站的技术及相关政策正在逐步走向成熟，以下几个方面需要在未来进一步优化。

（1）发展规划。我国提出了储能量化目标，下一步需重点结合电力系统实际需求明确储能电站的布局，特别是统筹电网、抽水蓄能和各类其他灵活性资源，将储能电站规划纳入电网规划，引导储能电站合理布局、有序发展。

（2）市场准入。储能电站参与电力现货交易市场的主体身份准入条件还有待明确，交易规则还有待完善。配置储能已成为部分地区新能源优先开发的重要条件，新能源配置储能的应用范围有待扩展。

（3）价格机制。储能电站电价政策缺失，目前我国尚未出台储能电站相关的充电价格、上网电价、输配电价政策。在构建新型电力系统过程中，用于保障电力系统安全、电力可靠供应的储能电站难以从市场获利。目前，对此类储能的发展尚无相关的支持政策。

### 3.1.3 发展成熟度评价

各种储能技术类型由于工作原理、能量介质、工作环境等方面的不同，存在一定的优点和不可避免的缺陷，这也决定了其适用于某种应用领域的特性。本节从10个方面对各类储能技术进行分析，以便了解其多方面特性及发展成熟度。

#### 1. 技术成熟度

从技术成熟度方面看，抽水蓄能是目前世界上发展最为成熟、工程应用最为广泛的储能技术，全球范围内超过97%的能量存储是通过抽水蓄能的方式实现的；压缩空气储能技术目前也已相对成熟，并已实现商用；铅蓄电池、钠硫电池是最成熟的两类电化学储能技术，均已实现商业化；高速飞轮储能、锂离子电池、先进铅蓄电池、液流电池比较成熟，其中高速飞轮储能和锂离子电池储能在美国等地已有商业化运作的储能项目，后两类技术在电力系统中则处于示范应用阶段，并且已有若干拟商业化运作的项目；超级电容已在非电力系统领域中成熟应用，但在电力系统领域的应用仍在探索实践；超导储能技术在电力系统领域应用尚未成熟，距离规模化应用仍需相当长时间。

储热技术主要分为显热储热、相变储热与热化学储热三大类。显热储热方式原理简单、技术较成熟、材料来源丰富且成本低廉，因此广泛地应用于化工、冶金、热动等热能储存与转化领域，已获得充分发展。相变储热技术也整体趋于成熟，目前相变材料在清洁供热、相变温控、冷链运输等领域都已有了一些实践，热化学储热技术的成熟度在三种技术路线中最低，其从实验室验证到商业推广还有很长的一段路要走。

氢储能方面，制约我国氢能源发展的还是燃料电池电堆和关键材料。当前国内制氢主要还是依靠化石能源，电解水制氢占比非常有限。随着氢储能相关技术的发展和建造成本的下降，未来风、光等可再生能源制氢的规模会越来越大，我国氢能源结构会越来越清洁。

### 2. 安全可靠性

从安全可靠性方面看，抽水蓄能是目前公认的最安全、最稳定的储能方式，是建设现代智能电网新型电力系统的重要支撑；传统铅蓄电池经过悠久历史的累积，已发展成一种安全性好、可靠性高的电池体系；磷酸铁锂电池的出现很好地解决了钴酸锂、锰酸锂的安全隐患问题，并且受温度和外部环境影响不大，安全性较好，是目前应用在电力系统最热门的锂离子电池之一；全钒电池中的钒元素稳定，安全性较高，不易发生爆炸；锌溴电池在使用过程中，一旦泄漏，则电解液中的溴很有可能挥发到空气中，对生物造成严重影响或伤害。

### 3. 环境友好度

从环境友好度方面看，抽水蓄能电站在推动使用新能源、实现节能减排方面有着不可替代的作用，但其建设和运行过程中，也可能对自然环境造成影响，在建设时坚持生态保护优先原则、审慎编制建设工程规划可以有效减少抽水蓄能电站带来的环境影响。全钒电池的电解液可长期使用，无污染排放，对环境友好；钠硫电池的原料不含重金属、生产制造过程对环境影响小，并且正常情况下，废旧电池中的钠和硫可实现回收；锂离子电池的系统集成过程封闭操作，无环境影响，但在电芯生产过程中，不规范操作下电解液可能会造成轻微环境问题；铅蓄电池中的铅虽然会造成环境污染，但在正常操作过程中并不会外泄，并且可以通过建立回收体系控制污染。

### 4. 功率密度/能量密度

从功率密度和能量密度方面看，抽水蓄能系统的能量密度相对较低，需要大流量和/或水库之间的大高度差；先进铅蓄电池克服了传统铅蓄电池的缺陷，在功率密度和能量密度上均得到大幅提升（增幅20%~50%），在可再生能源并网、电力调频、用户侧等领域均有示范项目；锂离子电池的功率密度和能量密度也在不断提升，使其更广泛地在电网领域获得应用；钠硫电池和锌溴电池则具有较高的能量密度，可再生能源并网和用户侧应用潜力巨大。

### 5. 响应速度

从响应速度方面看，抽水蓄能电站响应速度相对较慢，往往需要数十秒实现从静止到满出力运行；钠硫电池和液流电池均能在短时间内释放出大量电能，在电网调峰、备用容量等领域应用机会较大；锂离子电池则可以提供MW级的瞬时功率输出，特别适合用于电力调频等功率型应用中。

### 6. 配置灵活度

从配置灵活度方面看，抽水蓄能容量配置受到地理因素及整体经济性的影响，配置灵活性相对受限；液流电池具有独立的系统功率和容量，可以灵活配置，可通过添加或减少电解液罐进行合理配置，便于与其他储能技术根据实际需求进行组合设计；铅蓄电池的维护较为简单，质量稳定，可任意放置，同样便于进行储能系统的设计与组装。

### 7. 选址自由度

从选址自由度方面看，抽水蓄能对于地理因素的要求较高，一般来说只能建造在山与丘陵存在的地方，上下水库要求距离较近，并有着较高的高度差；在高度差不明显的条件下，抽水蓄能电站所能达到的能量密度相对有限。化学储能技术对安装环境的要求较低，且对环境友好、易于组装，因此其对选址的外部环境基本没有要求。先进铅蓄电池不受选址限制，可以大规模应用于住宅、社区、微网等领域；液流电池也可以根据实际需求进行设计、组装及安装。

### 8.循环效率

从循环效率方面看，锂离子电池、飞轮储能、超级电容储能和超导储能都具有很高的循环效率，大于90%；其他类电池循环效率稍差，为60%~90%。抽蓄机组的储放循环效率通常为75%~85%。国外的成熟技术普遍能达到80%及以上，即所谓的“5度换4度”；国内早期投运的机组一般在75%左右，即所谓“4度换3度”。随着近年来的技术进步，我国新研发制造的机组普遍都能达到80%以上。例如，江西洪屏抽蓄电站达到84%，浙江桐柏、湖南黑麋峰等几个抽蓄电站机组循环效率均能达到83%。压缩空气储能由于压缩空气前需要预热，消耗热能，因此循环低于抽水蓄能，只有50%~60%。

### 9.循环寿命

从循环寿命方面看，抽水蓄能循环次数平均能够达到16000次，运营期可超过50年；电化学储能由于不同材质制成的电极性能退化速度不一样，在长期使用中循环次数差异性明显，钠硫电池和液流电池使用次数比锂离子电池和铅酸电池高得多；压缩空气储能、飞轮储能等机械类储能的循环次数由机械部件的性能决定。

### 10.投资成本

成本是储能技术是否能推广应用的重要影响因素，但考虑到技术和应用方式的不同，除投资成本外，运行、维护、回收和其他费用也需要全面考虑。抽水蓄能电站的容量成本较低，但总投资成本很高，回报周期很长，通常需要30年以上的回报周期；压缩空气储能的容量成本较低，在成熟的储能技术中经济性很高；电池储能的成本随着技术的改进逐渐降低，但目前仍高于抽水蓄能；飞轮储能、超级电容储能和超导储能的功率密度高，单位功率的成本较低，适合高功率、短时间应用场合，但其单位容量成本非常昂贵。

各类新型储能技术的相对成熟度对比见表3–2。

表3-2 各类新型储能技术的相对成熟度对比

| 储能技术 | 技术成熟度 | 能量密度（Wh/kg） | 功率密度（W/kg） | 能量转换效率（%） | 寿命与循环次数 | | 功率等级（MW） | 持续发电时间 | 合适的储能期限 | 成本 | |
|---|---|---|---|---|---|---|---|---|---|---|---|
| | | | | | 寿命（年） | 循环次数 | | | | 功率成本（元/kW） | 能量成本（元/kWh） |
| 压缩空气储能 | 商用 | 3~6 | 6~30 | 50~65 | 30~50 | >13000 | 5~300 | 1~24h以上 | 小时~天 | 6500~7500 | 2000~2500 |
| 飞轮储能 | 商用 | 32 | 4500 | >95 | 20 | >100000 | 0~20 | 毫秒~分钟 | 秒~分钟 | 1700~12000 | 44000~45000 |
| 铅炭电池 | 示范 | 25~50 | 150~500 | 70~85 | 5~10 | 500~1000 | 0~20 | 秒~小时 | 分钟~小时 | 6400~10400 | 800~1300 |
| 锂离子电池 | 示范 | 100~220 | 1500~3000 | 90~95 | 5~10 | 1000~25000 | 0~32 | 秒~小时 | 分钟~小时 | 3000~9000 | 1500~4500 |
| 全钒液流电池 | 示范 | 7~15 | 10~40 | 75~85 | 15 | >10000 | 0.03~5 | 秒~小时 | 小时 | 17500~19500 | 3500~3900 |
| 锌溴液流电池 | 示范 | 65 | 200 | 65~75 | 10 | 5000 | 0.05~2 | 秒~小时 | 小时 | 10000~15000 | 2000~3000 |
| 钠硫电池 | 商用 | 88 | 16.6 | 87 | 15 | 4500 | 0.05~34 | 秒~小时 | 小时 | 13200~13800 | 2200~2300 |
| 超级电容储能 | 示范 | 1.5~2.5 | 1000~10000 | >90 | 10~20 | 1000000 | 0~10 | 毫秒 | 秒~小时 | 400~500 | 9500~13500 |
| 超导储能 | 示范 | 1.1 | 5000 | >95 | 30 | >1000000 | 0.1~10 | 毫秒 | | 6500~7000 | 900000 |
| 燃料电池 | 示范 | | 2200 | 50~60 | >10 | 3000 | 0~50 | 秒~24h以上 | 小时~月 | 6500~10000 | |

资料来源：中关村储能产业技术联盟（CNESA）专家委员会，压缩空气为4h系统，飞轮储能参考VYCON产品，铅蓄电池为8h系统，锂离子电池为2h系统，全钒液流电池和锌溴液流电池为5h系统，钠硫电池为6h系统，超级电容为15s系统，超导储能参考中科院电工所，燃料电池参考丰田公司产品、氢璞创能公司和上海攀业公司产品。

# 3.2 储能技术设备最优选型模型

储能类型很多，如何从多种储能设备类型中选出最优储能设备是一个重要的问题，本部分基于多属性决策理论对储能设备类型优选问题进行研究。

## 3.2.1 评估指标体系

本节基于可持续发展理论，从经济性、社会性、环境性和技术性等4个维度构建储能设备类型优选评估指标体系。首先，基于全面性、可操作性和客观性等原则，构建了储能设备类型优选初始指标体系，并运用德尔菲法确定了最终的评估指标体系，储能设备类型优选评估指标体系如图3-1所示。

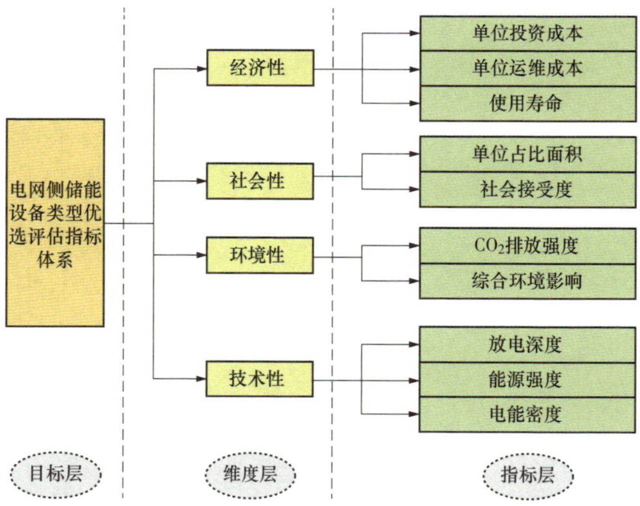


图3-1 储能设备类型优选评估指标体系

储能设备类型优选评估指标体系结构依次为目标层、维度层和指标层。目标层为电网侧储能设备类型优选评估指标体系，作为指标体系最终评价目标。维度层基于可持续发展的理念，综合考虑了储能设备的经济性、社会性、环境性和技术性四个方面。指标层为维度层下的细分，包括经济性、社会性等四个维度下与其相对应的若干指标，各个指标含义如下：

（1）经济性维度下的相应指标含义。经济性维度包括单位投资成本、单位运维成本和使用寿命三项指标。

1）单位投资成本（C1）：储能电站单位充放电花费的投资成本，单位是元/kWh，该指标越小前期投资风险越低，属于极小型。

2）单位运维成本（C2）：储能电站单位充放电花费的运维成本，由储能电站运行成本和维护成本构成，该指标越小后期费用越小，单位是元/kWh，属于极小型。

3）使用寿命（C3）：储能设备的寿命期限，该指标越大设备使用时间越长，单位是年，属于极大型。

（2）社会性维度下的相应各指标含义。社会性维度主要体现在单位占比面积和社会接受度两项指标。

1）单位占比面积（C4）：为储能电站的建设占地面积与整个投资寿命周期内累计充放电量比值，该指标为储能电站单位电量需要的土地面积，属于极小型。

2）社会接受度（C5）：表示管理人员和群众对于储能电站的接受程度，可以从便捷程度、充放电价格、安全可靠性等方面考虑，该指标是一个定性指标，没有具体的数据表征，但是可通过主观评价确定，属于极大型。

（3）环境性维度下的各指标含义。环境性维度主要体现在$CO_2$排放强度和综合环境影响两项指标。

1）$CO_2$排放强度（C6）：表示储能电站在寿命期内单位充放电量排放的$CO_2$数量，该指标越小说明碳排放越低，属于极小型指标。

2）综合环境影响（C7）：表示储能电站建设运行对周遭综合环境产生的影响，可以从人文环境和自然环境等方面考虑，同社会接受度指标一样，也是一个定性指标，可以通过主观评价确定，属于极小型。

（4）技术性维度下的各指标含义。技术性维度体现在放电深度、能源强度和电能密度三项指标。

1）放电深度（C8）：表示储能电站允许放电的极限值，为放电量和容量的比值，该指标越大表明储能电站放电效率越高，属于极大型。

2）能源强度（C9）：表示储能电站投资建设中消耗的能源数量，在原材料加工、组成部件生产、材料设备运输中都会损耗资源，该指标越小储能电站浪费的资源越少，属于极小型。

3）电能密度（C10）：为储能电站的额定容量与体积的比值，该指标越大说明单位体积设施的储能利用率越高，属于极大型。

## 3.2.2 最优选型模型

储能电站在投资建设、运行维护过程中，客观上会受到各类动态因素的影响，主观上会受到人为认知决策的影响，因此给储能设备的选型增加了模糊性。另外，上节构建的指标体系中，指标对应的数值缺乏精确度，指标数据也存在模糊性。因此，本节将模糊集理论和逼近理想解排序（TOPSIS）法融合，结合最优最劣法，考虑各种不确定影响因素构建设备选型评价模型。

### 1. 模糊最优最劣法

最优最劣法（best-worst method，BWM）是一种比较新的关于多属性决策的方法，在2015年被提出，其原理和层次分析法相近，都是基于专家对于评价内容的认知，然后根据经验对比分析两两指标的重要性，从而获得相关指数或者权重。最优最劣法与层次分析法的区别在于，第一步先选择边界指标、最优和最差，然后将所选指标与剩余指标一一比选，能够大大减少指标两两比较的次数，还可以减少不一致的风险，获得可靠的评价结果，但是对于模糊性的考虑欠缺。

假定研究内容共有$n$项指标，专家可以凭借对于评价对象已有的认知经验比较指标间的重要性，并通过语言的方式给出等级，常用的有非常重要、很重要和一般重要等，用三角模糊数来表示语言等级的重要程度，语言等级评价结果转化规则见表3-3，可以得到模糊比较矩阵如式（3-1）。

**表3-3　语言等级评价结果转化规则**

| 语言等级 | 三角模糊隶属度函数 |
|---|---|
| 同等重要（EI） | （1，1，1） |
| 稍微重要（WI） | （2/3，1，3/2） |
| 一般重要（FI） | （3/2，2，5/2） |
| 很重要（VI） | （5/2，3，7/2） |
| 非常重要（AI） | （7/2，4，9/2） |

$$\tilde{\boldsymbol{A}}=\begin{array}{c} \\ c_1 \\ c_2 \\ \vdots \\ c_n \end{array}\begin{array}{c} \begin{array}{cccc} c_1 & c_2 & \cdots & c_n \end{array} \\ \begin{bmatrix} \tilde{a}_{11} & \tilde{a}_{12} & \cdots & \tilde{a}_{1n} \\ \tilde{a}_{21} & \tilde{a}_{22} & \cdots & \tilde{a}_{2n} \\ \vdots & \vdots & \ddots & \vdots \\ \tilde{a}_{31} & \tilde{a}_{32} & \cdots & \tilde{a}_{3n} \end{bmatrix} \end{array} \tag{3-1}$$

式中：$\tilde{a}_{ij}$为指标$i$相对于指标$j$的模糊偏好程度，通过三角模糊数表示。

各项指标的权重值确定步骤如下：

（1）步骤1：建立评估指标体系。储能设备选型评估首先应该建立评价指标体系，界定评价框架，构建指标体系时应该全面考虑储能设备的经济、技术、效率等特性。储能设备优选评价体系可表示为一个向量$\{c_1, c_2, \cdots, c_n\}$。

（2）步骤2：筛选最优指标和最劣指标。基于建立的储能设备优选评价指标体系，根据专家的评定结果筛选出最优指标和最劣指标，分别用$c_B$

和$c_W$来表示。

（3）步骤3：比较剩余指标与最优指标的偏好程度。比较储能设备优选评价指标体系中的剩余指标与最优指标的偏好程度，根据两两的相对重要性给出语言等级，找出对应的三角模糊数值，然后可以得到模糊向量$\tilde{\boldsymbol{A}}_B$：

$$\tilde{\boldsymbol{A}}_B = \left\{\tilde{a}_{B1}, \tilde{a}_{B2}, \cdots, \tilde{a}_{Bn}\right\} \tag{3-2}$$

式中：$\tilde{a}_{Bj}$表示最优指标$c_B$相对于指标$j$的重要程度，$j=1,2,\cdots,n$；$\tilde{\boldsymbol{a}}_{BB}=(1,1,1)$。

（4）步骤4：比较剩余指标与最劣指标的偏好程度。比较储能设备优选评价指标体系中的最劣指标与剩余指标的偏好程度，根据两两的相对重要性给出语言等级，找出对应的三角模糊数值，然后可以得到模糊向量$\tilde{\boldsymbol{A}}_W$：

$$\tilde{\boldsymbol{A}}_W = \left\{\tilde{a}_{1W}, \tilde{a}_{2W}, \cdots, \tilde{a}_{nW}\right\} \tag{3-3}$$

式中：$\tilde{a}_{iW}$表示指标$i$相对于最劣指标$c_W$的重要程度，$i=1,2,\cdots,n$；$\tilde{\boldsymbol{a}}_{WW}=(1,1,1)$。

（5）步骤5：计算各项指标的最优模糊权重$\left(\tilde{w}_1^*, \tilde{w}_2^*, \cdots, \tilde{w}_n^*\right)$。指标权重确定应该遵循以下原则：假定最优指标$c_B$的模糊权重为$\tilde{w}_B$，剩余指标的模糊权重为$\tilde{w}_j$，那么$\tilde{w}_B$与$\tilde{w}_j$的比值应该尽量与模糊向量$\tilde{\boldsymbol{A}}_B$结果一致。同理，假定最劣指标$c_W$的模糊权重为$\tilde{w}_j$，那么$\tilde{w}_j$与$\tilde{w}_W$的比值应该尽量与模糊向量$\tilde{\boldsymbol{A}}_W$结果一致。基于这个原则，考虑一定约束条件可以构建min-max模型，具体如下：

$$\min\max\left\{\left|\frac{\tilde{w}_B}{\tilde{w}_j} - \tilde{a}_{Bj}\right|, \left|\frac{\tilde{w}_j}{\tilde{w}_W} - \tilde{a}_{iW}\right|\right\}$$
$$\text{s.t.}\begin{cases} \sum_{j=1}^{n} R\left(\tilde{w}_j\right) = 1 \\ l_j^w \leqslant m_j^w \leqslant u_j^w \\ l_j^w \geqslant 0 \\ j = 1,2,\cdots,n \end{cases} \tag{3-4}$$

式中：$\tilde{\boldsymbol{w}}_{\mathrm{B}}=\left(l_{\mathrm{B}}^{w},m_{\mathrm{B}}^{w},u_{\mathrm{B}}^{w}\right)$；$\tilde{\boldsymbol{w}}_{j}=\left(l_{j}^{w},m_{j}^{w},u_{j}^{w}\right)$；$\tilde{\boldsymbol{w}}_{\mathrm{W}}=\left(l_{\mathrm{W}}^{w},m_{\mathrm{W}}^{w},u_{\mathrm{W}}^{w}\right)$；$\tilde{\boldsymbol{a}}_{\mathrm{B}j}=\left(l_{\mathrm{B}j},m_{\mathrm{B}j},u_{\mathrm{B}j}\right)$；$\tilde{\boldsymbol{a}}_{j\mathrm{w}}=\left(l_{j\mathrm{w}},m_{j\mathrm{w}},u_{j\mathrm{w}}\right)$；$R\left(\tilde{w}_{j}\right)$为将指标$j$的模糊权重值转化为精确值，其可通过式（3–5）计算得出。

$$R\left(\tilde{w}_{j}\right)=\frac{l_{j}^{w}+4m_{j}^{w}\leqslant+u_{j}^{w}}{6} \tag{3-5}$$

式（3–5）可转化为非线性约束最优问题，具体如下：

$$\min\tilde{\xi}$$
$$\text{s.t.}\begin{cases}\left|\dfrac{\tilde{w}_{\mathrm{B}}}{\tilde{w}_{j}}-\tilde{a}_{\mathrm{B}j}\right|\leqslant\tilde{\xi}\\ \left\|\dfrac{\tilde{w}_{j}}{\tilde{w}_{\mathrm{W}}}-\tilde{a}_{i\mathrm{W}}\right\|\leqslant\tilde{\xi}\\ \sum\limits_{j=1}^{n}R\left(\tilde{w}_{j}\right)=1\\ l_{j}^{w}\leqslant m_{j}^{w}\leqslant u_{j}^{w}\\ l_{j}^{\xi}\geqslant0\\ j=1,2,\cdots,n\end{cases} \tag{3-6}$$

式中：$\tilde{\xi}=\left(l_{j}^{\xi},m_{j}^{\xi},u_{j}^{\xi}\right)$。

由于$l_{j}^{\xi}\leqslant m_{j}^{\xi}\leqslant u_{j}^{\xi}$，令$\tilde{\xi}=\left(k^{*},k^{*},k^{*}\right)$，$k^{*}\leqslant l^{\xi}$，进而可将式（3–6）转化为：

$$\min\tilde{\xi}$$
$$\text{s.t.}\begin{cases}\left\|\dfrac{\left(l_{\xi}^{w},m_{\xi}^{w},u_{\xi}^{w}\right)}{\left(l_{\xi}^{w},m_{\xi}^{w},u_{\xi}^{w}\right)}-\left(l_{j\mathrm{w}},m_{j\mathrm{w}},u_{j\mathrm{w}}\right)\right\|\leqslant\left(k',k',k'\right)\\ \left\|\dfrac{\left(l_{\xi}^{w},m_{\xi}^{w},u_{\xi}^{w}\right)}{\left(l_{\xi}^{w},m_{\xi}^{w},u_{\xi}^{w}\right)}-\left(l_{\xi j}^{w},m_{\xi j}^{w},u_{\xi j}^{w}\right)\right\|\leqslant\left(k',k',k'\right)\\ \sum\limits_{j=1}^{n}R\left(\tilde{w}_{j}\right)=1\\ l_{j}^{w}\leqslant m_{j}^{w}\leqslant u_{j}^{w}\\ l_{j}^{\xi}\geqslant0\\ j=1,2,\cdots,n\end{cases} \tag{3-7}$$

根据式（3–7）的目标函数及约束条件，能够确定各项指标的最优模糊权重$w_1^*, w_2^*, \cdots, w_n^*$。

运用模糊最优最劣方法确定指标权重过程中，需要对指标之间的一致性程度进行检验，一般引入致性指标$CR$来判断，$CR$的计算方法如下：

$$CR=\frac{R\left(\tilde{\xi}^*\right)}{CI} \tag{3-8}$$

式中：$R\left(\tilde{\xi}^*\right)$为$\tilde{\xi}^*$的精确值；$CI$表示一致性参数，CI的取值与表3–4中$\tilde{a}_{\mathrm{BW}}$的值与一一对应。

**表3–4　一致性指数$CI$**

| 语言变量 | 同等重要（EI） | 稍微重要（WI） | 一般重要（FI） | 很重要（VI） | 非常重要（AI） |
|---|---|---|---|---|---|
| $\tilde{a}_{\mathrm{BW}}$ | （1，1，1） | （2/3，1，3/2） | （3/2，2，5/2） | （5/2，3，7/2） | （7/2，4，9/2） |
| $CI$ | 3.00 | 3.80 | 5.29 | 6.69 | 8.04 |

## 2.模糊TOPSIS法

模糊TOPSIS法适用于解决不确定因素下的多属性决策问题，该方法融合传统的TOPSIS法和模糊集理论，将决策矩阵用三角函数模糊数表示，能够克服TOPSIS法的缺陷。模糊TOPSIS法的步骤如下：

（1）步骤1：确定评价指标的语言等级。假定研究对象共包括$m$个备选方案，分别为$\boldsymbol{A}=\left\{A_1, A_2, \cdots, A_m\right\}$，还有$n$个通过语言等级表示的评价指标。

令$\tilde{\boldsymbol{a}}_{ikj}=\left(\tilde{\boldsymbol{a}}_{ikj}^L, \tilde{\boldsymbol{a}}_{ikj}^M, \tilde{\boldsymbol{a}}_{ikj}^R\right)$，其中$0 \leqslant \tilde{\boldsymbol{a}}_{ikj}^L \leqslant \tilde{\boldsymbol{a}}_{ikj}^M \leqslant \tilde{\boldsymbol{a}}_{ikj}^R \leqslant 1$，$k=1,2,\cdots,n$，$i=1,2,\cdots,m$，$j=1,2,\cdots,r$。$\tilde{\boldsymbol{a}}_{ikj}$为专家$D_j$针对备选方案$A_i$中的指标$C_k$重要程度所确定的语言评价等级。备选方案$A_i$中的指标$C_k$的综合模糊语言等级计算方法如下：

$$\tilde{\boldsymbol{a}}_{ik}=(1/r)\otimes\left(\tilde{\boldsymbol{a}}_{ik1}\oplus\cdots\oplus\tilde{\boldsymbol{a}}_{ikj}\oplus\cdots\oplus\tilde{\boldsymbol{a}}_{ikr}\right) \tag{3-9}$$

式中：$\tilde{\boldsymbol{a}}_k^L=\sum_{j=1}^{r}\frac{\boldsymbol{a}_{kj}^L}{r},\tilde{\boldsymbol{a}}_k^M=\sum_{j=1}^{m}\frac{\boldsymbol{a}_{kj}^M}{r},\tilde{\boldsymbol{a}}_k^R=\sum_{j=1}^{n}\frac{\boldsymbol{a}_{kj}^R}{r}$。

（2）步骤2：确定评价指标的综合模糊权重。令$\tilde{\boldsymbol{s}}_{kj}=\left(\tilde{\boldsymbol{s}}_{kj}^L,\tilde{\boldsymbol{s}}_{kj}^M,\tilde{\boldsymbol{s}}_{kj}^R\right)$，其中$0\leqslant\tilde{\boldsymbol{s}}_{kj}^L\leqslant\tilde{\boldsymbol{s}}_{kj}^M\leqslant\tilde{\boldsymbol{s}}_{kj}^R\leqslant 1$，$j=1,2,\cdots,r$，$k=1,2,\cdots,p\cdots,n$。$\tilde{\boldsymbol{s}}_{kj}$为专家$D_j$针对指标$C_k$的权重大小所给出的语言评价等级，该指标的综合模糊权重$\tilde{\boldsymbol{s}}_k=\left(\tilde{s}_k^L,\tilde{s}_k^M,\tilde{s}_k^R\right)$计算方法如下：

$$\tilde{\boldsymbol{s}}_k=(1/r)\otimes\left(\tilde{\boldsymbol{s}}_{k1}\oplus\cdots\oplus\tilde{\boldsymbol{s}}_{kj}\oplus\cdots\oplus\tilde{\boldsymbol{s}}_{kr}\right) \tag{3-10}$$

式中：$\boldsymbol{s}_k^L=\sum_{j=1}^{r}\frac{\boldsymbol{s}_{kj}^L}{r},\boldsymbol{s}_k^M=\sum_{j=1}^{m}\frac{\boldsymbol{s}_{kj}^M}{r},\boldsymbol{s}_k^R=\sum_{j=1}^{n}\frac{\boldsymbol{s}_{kj}^R}{r}$。

（3）步骤3：建立初始模糊决策矩阵。初始模糊决策矩阵$\boldsymbol{A}$的计算方法如下：

$$\boldsymbol{A}=\left(\tilde{a}_{ik}\right)_{m\times n}=\begin{bmatrix}\tilde{a}_{11} & \tilde{a}_{12} & \cdots & \tilde{a}_{1n}\\ \tilde{a}_{21} & \tilde{a}_{22} & \cdots & \tilde{a}_{2n}\\ \vdots & \vdots & \ddots & \vdots\\ \tilde{a}_{m1} & \tilde{a}_{m2} & \cdots & \tilde{a}_{mn}\end{bmatrix}$$

$$=\begin{bmatrix}\left(\tilde{a}_{11}^L,\tilde{a}_{11}^M,\tilde{a}_{11}^R\right) & \left(\tilde{a}_{12}^L,\tilde{a}_{12}^M,\tilde{a}_{12}^R\right) & \cdots & \left(\tilde{a}_{1n}^L,\tilde{a}_{1n}^M,\tilde{a}_{1n}^R\right)\\ \left(\tilde{a}_{21}^L,\tilde{a}_{21}^M,\tilde{a}_{21}^R\right) & \left(\tilde{a}_{22}^L,\tilde{a}_{22}^M,\tilde{a}_{22}^R\right) & \cdots & \left(\tilde{a}_{2n}^L,\tilde{a}_{2n}^M,\tilde{a}_{2n}^R\right)\\ \vdots & \vdots & \ddots & \vdots\\ \left(\tilde{a}_{m1}^L,\tilde{a}_{m1}^M,\tilde{a}_{m1}^R\right) & \tilde{a}\left(\tilde{a}_{m2}^L,\tilde{a}_{m2}^M,\tilde{a}_{m2}^R\right) & \cdots & \left(\tilde{a}_{mn}^L,\tilde{a}_{mn}^M,\tilde{a}_{mn}^R\right)\end{bmatrix} \tag{3-11}$$

（4）步骤4：建立标准模糊决策矩阵。根据储能设备优选体系中的极大型或极小型指标特性，为了便于评价需要将指标首先进行标准化处理，极大型和极小型指标的标准化处理方法分别如式（3-12）和式（3-13）所示。

$$\tilde{\boldsymbol{b}}_{ik}=\left(\frac{a_{ik}^L}{\max\limits_{L}\left\{a_{ik}^R\right\}},\frac{a_{ik}^M}{\max\limits_{L}\left\{a_{ik}^R\right\}},\frac{a_{ik}^R}{\max\limits_{L}\left\{a_{ik}^R\right\}}\right) \tag{3-12}$$

$$\tilde{\boldsymbol{b}}_{ik}=\left(\frac{\min\limits_{L}\left\{a_{ik}^L\right\}}{a_{ik}^L},\frac{\min\limits_{L}\left\{a_{ik}^L\right\}}{a_{ik}^M},\frac{\min\limits_{L}\left\{a_{ik}^L\right\}}{a_{ik}^R}\right) \tag{3-13}$$

将极大型和极小型指标标准化处理后可以得到标准化后的模糊决策矩阵$\boldsymbol{B}$，计算方法如下：

$$\boldsymbol{B}=\left(\tilde{b}_{ik}\right)_{m\times n}=\begin{bmatrix}\tilde{b}_{11} & \tilde{b}_{12} & \cdots & \tilde{b}_{1n}\\ \tilde{b}_{21} & \tilde{b}_{22} & \cdots & \tilde{b}_{2n}\\ \vdots & \vdots & \ddots & \vdots\\ \tilde{b}_{m1} & \tilde{b}_{m2} & \cdots & \tilde{b}_{mn}\end{bmatrix}$$
$$=\begin{bmatrix}\left(\tilde{b}_{11}^{L},\tilde{b}_{11}^{M},\tilde{b}_{11}^{R}\right) & \left(\tilde{b}_{12}^{L},\tilde{b}_{12}^{M},\tilde{b}_{12}^{R}\right) & \cdots & \left(\tilde{b}_{1n}^{L},\tilde{b}_{1n}^{M},\tilde{b}_{1n}^{R}\right)\\ \left(\tilde{b}_{21}^{L},\tilde{b}_{21}^{M},\tilde{b}_{21}^{R}\right) & \left(\tilde{b}_{22}^{L},\tilde{b}_{22}^{M},\tilde{b}_{22}^{R}\right) & \cdots & \left(\tilde{b}_{2n}^{L},\tilde{b}_{2n}^{M},\tilde{b}_{2n}^{R}\right)\\ \vdots & \vdots & \ddots & \vdots\\ \left(\tilde{b}_{m1}^{L},\tilde{b}_{m1}^{M},\tilde{b}_{m1}^{R}\right) & \left(\tilde{b}_{m2}^{L},\tilde{b}_{m2}^{M},\tilde{b}_{m2}^{R}\right) & \cdots & \left(\tilde{b}_{mn}^{L},\tilde{b}_{mn}^{M},\tilde{b}_{mn}^{R}\right)\end{bmatrix} \tag{3-14}$$

（5）步骤5：建立加权标准化模糊决策矩阵。通过指标权重向量$\tilde{\boldsymbol{s}}_k$与标准化模糊决策矩阵$\boldsymbol{B}$相乘后，可以得到加权标准化模糊决策矩阵$\boldsymbol{C}$。

$$C=\left(c_{ik}\right)_{m\times n}=\begin{bmatrix}\tilde{s}_1\otimes\tilde{b}_{11} & \tilde{s}_2\otimes\tilde{b}_{12} & \cdots & \tilde{s}_n\otimes\tilde{b}_{1n}\\ \tilde{s}_1\otimes\tilde{b}_{21} & \tilde{s}_2\otimes\tilde{b}_{22} & \cdots & \tilde{s}_n\otimes\tilde{b}_{2n}\\ \vdots & \vdots & \ddots & \vdots\\ \tilde{s}_1\otimes\tilde{b}_{m1} & \tilde{s}_2\otimes\tilde{b}_{m2} & \cdots & \tilde{s}_n\otimes\tilde{b}_{mn}\end{bmatrix} \tag{3-15}$$

（6）步骤6：计算模糊正理想解和模糊负理想解。模糊正理想解$C^{+}$和模糊负理想解$C^{-}$计算方法如下：

$$\begin{cases}C^{+}=\left(\tilde{c}_k^{+}\right)=\left\{\left(\max\limits_{L} c_{ik}\middle| j\in J_1\right),\left(\min\limits_{L} c_{ik}\middle| j\in J_2\right)\right\}\\ C^{-}=\left(\tilde{c}_k^{-}\right)=\left\{\left(\operatorname{minx}\limits_{L} c_{ik}\middle| j\in J_1\right),\left(\max\limits_{L} c_{ik}\middle| j\in J_2\right)\right\}\end{cases} \tag{3-16}$$

式中：$\max\limits_{L} c_{ik}=\left(\max s_{ik}^{L}b_{ik}^{L},\max s_{ik}^{M}b_{ik}^{M},\max s_{ik}^{R}b_{ik}^{R}\right)$；$\min\limits_{L} c_{ik}=\left(\min s_{ik}^{L}b_{ik}^{L},\min s_{ik}^{M}b_{ik}^{M},\min s_{ik}^{R}b_{ik}^{R}\right)$；$c_k^{+}=\left(c_k^{+L},c_k^{+M},c_k^{+R}\right)$；$c_k^{-}=\left(c_k^{-L},c_k^{-M},c_k^{-R}\right)$；$i=1,2,\cdots,m$；$k=1,2,\cdots,n$；$J_1$和$J_2$分别表示极大型指标集合与极小型指标集合。

（7）步骤7：确定备选方案正、负理想解之间距离。进一步确定备选方案中模糊正理想解和负理想解之间的距离，几何距离能够清晰、简明地描绘解之间的距离。本文应用几何距离确定模糊数之间的距离，其计算方法如下：

$$d\left(\tilde{a}_i,\tilde{a}_j\right)=\left\{\left[\left(\tilde{a}_i^L-\tilde{a}_i^L\right)^2+\left(\tilde{a}_i^M-\tilde{a}_i^M\right)^2+\left(\tilde{a}_i^R-\tilde{a}_i^R\right)^2\right]\Big/4\right\}^{1/2} \tag{3-17}$$

备选方案$i$中正理想解和负理想解之间的距离$\left(d_i^+,d_i^-\right)$计算方法如下：

$$d^+=\left\{\left[\left(\tilde{a}_i^L-\tilde{a}_i^{+L}\right)^2+\left(\tilde{a}_i^M-\tilde{a}_i^{+M}\right)^2+\left(\tilde{a}_i^R-\tilde{a}_i^{+R}\right)^2\right]\Big/4\right\}^{1/2} \tag{3-18}$$

$$d^-=\left\{\left[\left(\tilde{a}_i^L-\tilde{a}_i^{-L}\right)^2+\left(\tilde{a}_i^M-\tilde{a}_i^{-M}\right)^2+\left(\tilde{a}_i^R-\tilde{a}_i^{-R}\right)^2\right]\Big/4\right\}^{1/2} \tag{3-19}$$

（8）步骤8：确定备选方案贴近度。备选方案贴近度计算方法如下：

$$CC_i=\frac{d_i^-}{d_i^++d_i^-},0\leqslant CC_i\leqslant 1 \tag{3-20}$$

（9）步骤9：根据上述分析做出最终决策。比较步骤8中备选方案的贴合度大小，选择贴合度最大的方案作为最优方案。

储能技术设备最优优选指标体系评价模型流程如图3-2。

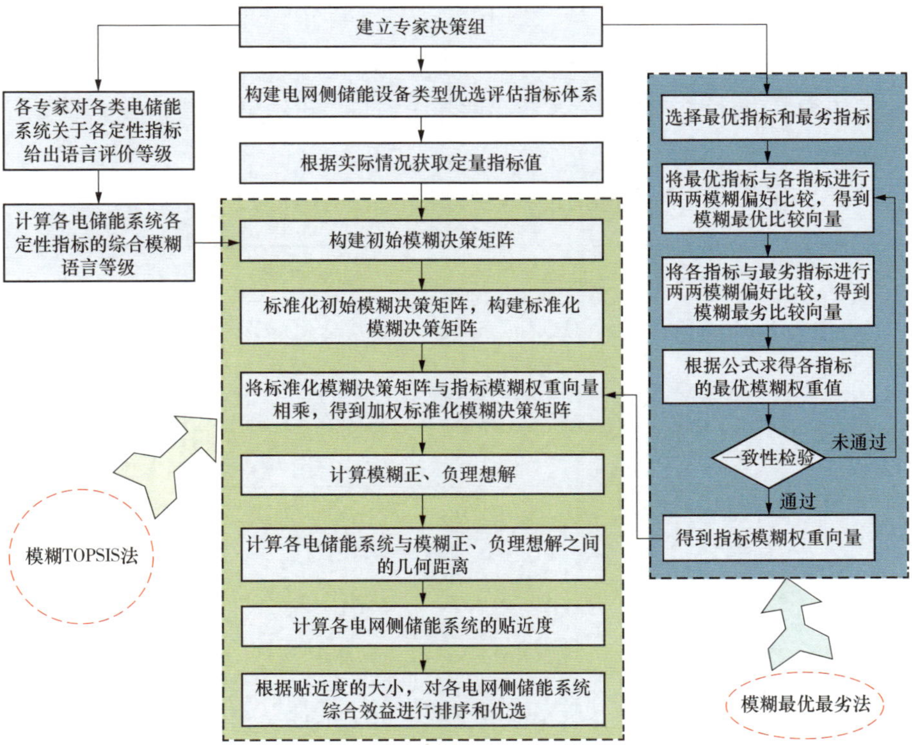


图3-2　储能技术设备最优优选模型流程

## 3.2.3 实证分析

本节选取水蓄能系统、压缩空气储能系统、铅酸电池储能、锂离子电池储能四类储能技术进行对比分析，并评估四类储能技术的综合效益，然后根据评价结果筛选适用性最强的储能设备。本节借助模糊最优最劣法（the fuzzy best-worst method，FBWM）和模糊TOPSIS法从经济性、社会性、环境性和技术性等方面对四类储能技术进行评估。

**1. 指标数据的来源及预处理**

储能技术设备选型指标体系从经济性、社会性、环境性和技术性四个维度展开评估，总共有10个指标，标号为C1~C10，其中包括社会接受度、综合环境影响两个定性指标，即C5与C7，专家通过自己的经验和认知主观确定这两项指标的数值；其他的8项指标均为定量指标，根据储能技术的运行参数确定。确定了上述定性和定量指标的数据后，对各项指标数值进行归一化，可以规避各项指标量级和差异性对储能综合效益评估结果造成的影响。电储能系统综合效益评估各指标归一化结果见表3-5。

表3-5 电储能系统综合效益评估各指标归一化结果

| 指标 | 抽水蓄能 | 压缩空气储能 | 铅酸电池 | 锂离子电池 |
|---|---|---|---|---|
| C1 | （0.08，0.12，0.16） | （0.02，0.08，0.14） | （0.42，0.47，0.53） | （0.79，0.89，1） |
| C2 | （0.08，0.17，0.25） | （0.08，0.25，0.42） | （0.17，0.38，0.58） | （0.42，0.71，1） |
| C3 | （0.89，0.94，1） | （0.76，0.78，0.8） | （0.11，0.22，0.33） | （0.31，0.33，0.36） |
| C4 | （0.24，0.62，1） | （0.07，0.09，0.10） | （0.10，0.24，0.38） | （0.03，0.07，0.10） |
| C5 | （0.3，0.5，0.7） | （0，0.2，0.4） | （0.6，0.8，1） | （0.6，0.8，1） |

续表

| 指标 | 抽水蓄能 | 压缩空气储能 | 铅酸电池 | 锂离子电池 |
|---|---|---|---|---|
| C6 | （0.06，0.09，0.12） | （0.04，0.04，0.04） | （0.04，0.52，1） | （0.15，0.27，0.38） |
| C7 | （0.6，0.8，1） | （0.3，0.5，0.7） | （0，0.2，0.4） | （0，0.2，0.4） |
| C8 | （0.78，0.83，0.89） | （0.72，0.75，0.78） | （0.78，0.89，1） | （0.89，0.94，1） |
| C9 | （0.10，0.15，0.20） | （0.07，0.08，0.08） | （0.11，0.56，1） | （0.34，0.46，0.59） |
| C10 | （0.001，0.003，0.004） | （0.018，0.018，0.018） | （0.14，0.23，0.31） | （0.51，0.76，1） |

### 2. 基于FBWM的优选评估指标模糊权重计算

首先，根据专家的语言等级评定结果可以筛选出最优指标为$CO_2$排放强度（C6），最劣指标为能源强度（C9）。然后，根据各位专家对最优指标、最劣指标相对于剩余指标的重要性评估结果，形成语言等级评定，最优指标C6与各指标重要程度对比结果见表3–6。

表3–6　最优指标C6与各指标重要程度对比结果

| 指标 | C1 | C2 | C3 | C4 | C5 | C6 | C7 | C8 | C9 | C10 |
|---|---|---|---|---|---|---|---|---|---|---|
| C6 | FI | AI | VI | FI | FI | EI | WI | WI | AI | FI |

进而，可得到模糊最优比较向量为：

$$\tilde{A}_{R}=\begin{bmatrix}(3/2,2,5/2),(7/2,4,9/2),(5/2,3,7/2),(3/2,2,5/2)\\(1,1,1),(2/3,1,3/2),(2/3,1,3/2),(7/2,4,9/2),(3/2,2,5/2)\end{bmatrix} \quad (3\text{–}21)$$

模糊最劣比较向量为：

$$\tilde{\boldsymbol{A}}_{\mathrm{M}}=\begin{bmatrix}(3/2,2,5/2),(2/3,1,3/2),(2/3,1,3/2),(3/2,2,5/2)\\(7/2,4,9/2),(7/2,4,9/2),(5/2,3,7/2),(1,1,1),(3/2,2,5/2)\end{bmatrix} \tag{3-22}$$

从而可计算得出各指标模糊权重值为：

$$\tilde{\boldsymbol{W}}=\begin{bmatrix}(0.0904,0.0904,0.01144),(0.0410,0.0412,0.0558),(0.0517,0.0536,0.0814),\\(0.0794,0.0794,0.01030),(0.0904,0.0904,0.01030),(0.1777,0.1777,0.01974),\\(0.0701,0.0794,0.01144)\end{bmatrix} \tag{3-23}$$

同样可知$\tilde{\xi}$=0.368，然后通过计算获得一致性指标 $CR$=0.0394，$CR$ 显然小于0.1，说明储能设备选型指标体系通过了一致性检验，根据上述流程确定的储能设备类型评估指标权重具有一定的可信度。

### 3. 综合效益评估及备用方案优选

依据表3–4可以将语言等级评价结果转化得到标准化后的模糊决策矩阵，然后根据各项指标的模糊权重值，计算出加权标准化后的模糊决策矩阵，进一步计算出模糊正、负理想解。模糊正、负理想解计算如下：

$$\begin{cases}C^{+}=\left[(0.0021,0.0072,0.0156),(0.0034,0.00059,0.00140),\cdots,(0.0360,0.0601,0.01144)\right]\\C^{-}=\left[(0.0714,0.0809,0.01144),(0.0171,0.0292,0.0558),\cdots,(0.0001,0.0002,0.0004)\right]\end{cases} \tag{3-24}$$

根据正、负理想解计算不同备选方案的贴近度，计算结果如下：抽水储能的贴近度为0.4954，压缩空气储能贴近度为0.5999，铅酸电池储能贴近度为0.4962，锂离子电池储能的贴近度为0.6187。根据最终计算结果可以看出贴近度最大的为锂离子电池储能，即在四类储能技术中锂离子电池储能的综合效益最佳。

## 3.3

# 储能技术设备最优选址模型

### 3.3.1 复杂网络模型的机制

通过在计算机科学、数学、统计物理的基础上生动地将复杂网络描述为具有复杂关系的各种模型，可以实现对复杂系统的分析。复杂网络具有复杂性、小世界特性、无尺度性和开放性等特点，主要体现在网络的大尺度上，其网络节点具有动态复杂性。

**1.加权集聚系数**

集聚系数反映了相邻节点之间的连接程度。加权网络中的集聚系数称为加权集聚系数。加权集聚系数$C_i^w$定义如下：

$$C_i^w = \frac{1}{\max\limits_j\left(w_{ij}\right)\sum\limits_{j,k} w_{ij} w_{ki}} \sum_{j,k} w_{ij} w_{jk} w_{ki} \tag{3-25}$$

式中：$k$、$j$是$i$的相邻节点；$w_{ij}$是连接节点$v_i$和$v_j$的边界权重。

**2.特征向量**

特征向量适用于描述节点的长期影响，主要用于传播分析等。具有高特征向量的节点通常表示节点的位置非常接近源点，是需要特别注意的关键点。假设网络中有$N$个节点；$\boldsymbol{A}$表示网络的相邻矩阵；$\lambda_1,\lambda_2,\lambda_3,\cdots,\lambda_N$代表$\boldsymbol{A}$的$N$个特征值；$\lambda_1$是$\boldsymbol{A}$的最大特征值（主要特征值），对应的特征向量为$\boldsymbol{e}=\left[e_1,e_2,e_3,\cdots,e_n\right]^{\mathrm{T}}$，即

$$\lambda e_i = \sum_{j=1}^{N} a_{ij} e_j, \quad i=1,\cdots,n \tag{3-26}$$

则节点$v_i$的特征向量指数定义为：

$$C_e(v_i)=\lambda^{-1}\sum_{j=1}^{N}a_{ij}e_j \tag{3-27}$$

### 3. 接近度

接近度指标用于描述一个节点通过网络到达另一个节点的困难程度，反映了网络的整体结构，以及一个节点通过网络对其他节点的影响。如果网络中有$N$个节点，节点$v_i$的接近度指标$C_c(v_i)$定义为：

$$C_c(v_i)=\left[\sum_{j=1}^{N}d_{ij}\right]^{-1} \tag{3-28}$$

## 3.3.2 储能运营商满意度模型

### 1. 储能充电站网络的复杂性

储能充电站网络的复杂性主要体现在以下几个方面：

（1）充电站服务网络规模庞大。

（2）充电站网络结构复杂，节点复杂。

（3）多样性和复杂性的融合。

本节运用复杂网络理论对充电站网络进行抽象化。首先，将充电站抽象为一个网络节点，将道路之间的连接抽象为节点之间的一条线。然后，将复杂网络理论应用于充电站网络节点选择问题中。最后，在考虑用户满意度最大化的情况下，建立客户满意度模型，从而为储能运营商选择最优充电站提供新思路和新方法。

### 2. 客户满意度模型的建立

一般来说，储能运营商在选择充电站时，主要考虑的问题有：

（1）个人偏好。

（2）收费价格。

（3）服务收费标准。

（4）所选充电站之间的距离。

（5）排队等候的时间。

（6）服务态度和售后服务。

此处未将用户的个人偏好、充电站的服务态度等不确定因素考虑在内，仅从客观因素出发对问题进行定量分析。由于我国充电价格和充电桩容量还没有形成统一的标准，因此在充电价格、排队时间和充电时间等因素上的研究仍有局限性。首先，假设：①储能百公里耗电量为15kWh；②储能电池为45kWh；③从储能开始充电到离开时间为2h；④等候时间等于非全职员工1h最低工资，此处按18.7元/h计算；⑤这里不考虑设置峰谷时间电价；⑥道路阻塞时间也不纳入考虑范围。然后，假设：$m_i$（元/kWh）是第$i$个充电站节点的收费价格；$l_i$是第$i$个充电站节点的距离；$g$表示等候充电的储能的数量；$f_i$（元/kWh）是第$i$个充电站节点的服务收费标准；$t_i$是第$i$个充电站节点的充电时间；百公里车辆损失与距离的立方成正比，比例系数为$k$。最后，建立最大客户满意度（$y_i$）模型。最大客户满意度模型如下：

$$y_i = \min\left[\left((2g+t_i)\times 18.7 + l_i \times \frac{15}{100}\times(m_i+f_i) + k\times(l_i/100)^3\right]\right. \tag{3-29}$$

式中：$t_i = \frac{2}{45}\times\frac{15}{100}l_i, i=2,\cdots,5$。

式（3-29）显示了客户成本相对最小的模型，但是由于未将充电站节点的重要度和交通堵塞情况考虑在内，因此仍存在一定的限制。加权集聚系数反映了相邻节点间的接触程度，系数$C_i$越大，相邻节点间的接触越频繁，因此，建立了如下的相对成本最小化模型：

$$Y_i = C_i\, y_i \tag{3-30}$$

## 3.3.3 案例研究

一家储能基础设施服务公司计划在点V1和V6之间建立充电站，假设每个节点之间的距离以及站点剩余总电量已知。为了确定储能充电站的哪种构建方式能够更好地满足客户的需求，假设一个储能移动设施想从V1到达V6。充电站服务网络如图3-3所示，其中包括4个充电站和10条线路。各储能充电站参数见表3-7。

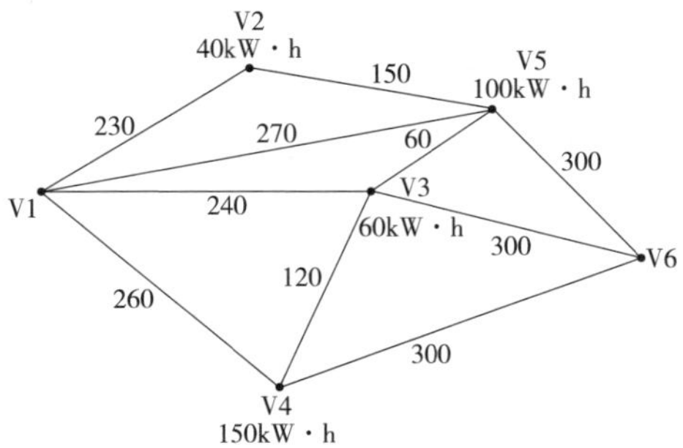


图3-3 充电站服务网络模型

表3-7 充电站参数

| 站点编号 | 电力价格（元/kWh） | 服务费（元/kWh） | 等待数量 |
|---|---|---|---|
| V2 | 0.8745 | 0.8 | 2 |
| V3 | 0.68 | 1.5 | 1 |
| V4 | 1.2 | 0.9 | 0 |
| V5 | 0.87 | 1.0 | 1 |

### 1. 加权集聚系数的计算

将图3-3中的数据，利用Matlab软件计算出各充电站节点的集聚系数，各站点的集聚系数见表3-8。

表3-8 各站点的集聚系数

| 站点编号 | V2 | V3 | V4 | V5 |
|---|---|---|---|---|
| 聚集系数 | 27/23 | 383/735 | 254/605 | 689/2330 |

### 2. 典型路径的比较分析

从V1到V6的主路径对应客户满意度（$y_i$）值，主路径$y_i$见表3-9。

表3-9　主路径$y_i$

| 路径 | 1-2-5-6 | 1-5-6 | 1-3-6 | 1-3-5-6 | 1-4-6 | 1-4-3-6 |
|---|---|---|---|---|---|---|
| $y_i$ | 265.587 | 153.564 | 151.7195 | 213.4608 | 120.7769 | 212.6274 |

根据各站点对应的加权集聚系数得到对应路径的相对成本（$Y_i$），主路径的相对成本见表3-10。

表3-10　主路径的相对成本

| 路径 | 1-2-5-6 | 1-5-6 | 1-3-6 | 1-3-5-6 | 1-4-6 | 1-4-3-6 |
|---|---|---|---|---|---|---|
| $Y_i$ | 220.5328 | 44.2524 | 77.0192 | 92.2766 | 49.0627 | 96.92493 |

通过对表3-10中$Y_i$的分析可以看出，路径1-4-6和1-5-6的相对成本较小，因此在节点V4和V5建设充电站可达到更佳的效果。在充电成本和服务费差异不大的情况下，选择直接充电站成本较低。在加入加权集聚系数，并考虑客户相对成本的情况下，可以避免交通拥堵风险，从而实现了较好的实用性，并为位置优化提供一定的理论依据。

### 3. 充电站节点重要性的分析

交通网络复杂性理论的研究为交通枢纽的确定提供了帮助，为缓解城市交通拥堵提供防控依据。交通枢纽节点在整个网络结构和系统稳定性等方面起着至关重要的作用。通过控制枢纽节点的交通流量，可以缓解交通压力，为交通网络的整体运行提供依据。基础设施公司在建设充电站时，必须将每个节点的重要程度考虑在内。为了减少等待时间，在选择充电站时应尽量避免交通拥堵节点。本节利用特征向量和贴近度分析了充电站网络中各节点的重要性，并通过Matlab计算得到各节点的特征向量指标$C_e$和归一化接近度指数$C_c$。节点指标的重要性结果见表3-11。

**表3-11 节点指标的重要性结果**

| 站点编号 | V1 | V2 | V3 | V4 | V5 | V6 |
|---|---|---|---|---|---|---|
| $C_e$ | 281/14 | 761/8384 | 567/3247 | 303/1810 | 689/2330 | 663/3355 |
| $C_c$ | 1/308 | 1/274 | 1/186 | 1/238 | 1/192 | 1/378 |

通过对比V2、V3、V4、V5可以看到V3和V5的相对重要性，由于这两个站点容易引起交通拥堵，因此在调度交通网络时要对这两点多加注意，选择充电站时要避开这两点。通过对节点重要性的比较，可以找出交通枢纽节点并对其进行控制，从而为提高交通网络的传输效率等提供思路和方法。为了更好地服务客户，避免交通拥堵的风险，最大限度地提高客户满意度，基础设施公司在建设充电站时应避开V5，选择V4节点。

## 3.4 本章小结

首先，本章针对物理储能、电化学储能及其他类型储能，对比了不同储能技术的成熟度；然后，提出基于全寿命周期的储能度电成本测算模型，并将学习曲线引入储能成本分析中，确立不同储能成本的演化趋势。最后，从经济性、社会性、环境性和技术性等4个维度构建储能设备类型优选评估指标体系，并提出基于一致性原则和模糊最优最劣法的储能设备选型评估模型，并对所提模型开展实例分析。通过实例可以得到：虽然锂离子电池的经济性不佳，但是在社会性、环境性和技术性等方面表现良好。综合比较多方面效益，锂离子电池综合效益最佳。

# 第四章

CHAPTER 4

# 新型电力系统储能电站投资运营商业模式

# 4.1

# 商业模式内涵及主要类型

## 4.1.1 核心内涵

商业模式是指整合企业运行的内外各要素（政策、资金、技术、人才等），形成一个完整的、高效率的、具有独特核心竞争力的运行系统，实现各方（客户、员工、合作伙伴、股东等利益相关者）综合价值最大化，达成持续盈利目标的整体解决方案。

从时间上分析，商业模式的发展历程大致可以分为概念提出阶段、定义描述阶段、逻辑分析阶段和创新应用阶段，商业模式发展历程如图4-1所示。

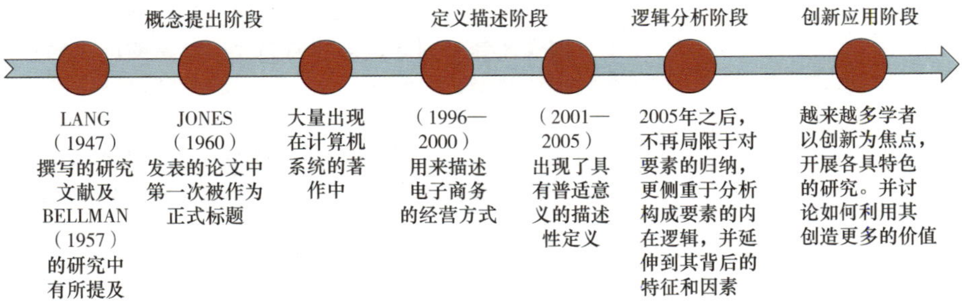


图4-1　商业模式的发展历程

商业模式概念在20世纪40年代首次被提出，但并未有确切含义，主要出现在计算机类的著作中。直到50年后的1996年，泰莫斯将商业模式定义为一个完整的产品、服务和信息流体系，包括每个参与者及其发挥的作用、潜在的利益和相应的收益来源。由此，商业模式开始被用来描述网络企业的经营方式和盈利方式。

随着互联网技术的快速发展，对商业模式的研究更侧重于对模式分析、构成要素的内在逻辑研究，并延伸到商业模式特征（对商业模式进行分类）和因素（在特定商业模式里作为创新、比较优势和经济租金的来源）。2008年至今是商业模式的创新应用阶段，该阶段商业模式主要用来创新企业业务发展模式与管理方式，创造更多的价值。本节从不同角度对商业模式的理解进行归纳，不同角度下商业模式定义见表4-1。

**表4-1　不同角度下商业模式定义**

| 角度 | 定义 | 系列学者观点 |
| --- | --- | --- |
| 经济类 | 企业的经济模式，其本质内涵为企业获取利润的逻辑 | Stewart等：企业能够获得并且保持其收益流的逻辑陈述 |
| | | Rappa：企业为了自我维持，赚取利润而经营商业的方法 |
| | | Hawkins：确立企业与其产品/服务之间的商务关系，构建成本流和收入流的关系 |
| | | Afuah等：企业获取资源，开发资源，为顾客创造比竞争对手更多的价值，以此赚取利润的方式 |
| 运营类 | 企业的运营结构，重点在于说明企业通过何种内部流程和基本构造设计来创造价值 | Timmers：确立产品、服务和信息流的架构，分析不同参与主体的作用，优化分配各个主体的利益 |
| | | Mahadevan：企业与商业伙伴及买方之间价值流、收入流和物流的特定组合 |
| | | Applegate：对复杂商业现实的简化，以此分析商业活动的结构、结构元素之间的关系以及商业活动响应现实世界的方式 |
| | | Amit等：一种利用商业机会创造价值的交易内容、结构和治理架构 |

续表

| 角度 | 定义 | 系列学者观点 |
| --- | --- | --- |
| 战略类 | 对不同企业战略方向的总体考察，涉及市场主张、组织行为、增长机会、竞争优势和可持续性等 | KM Lab顾问公司：关于企业如何在市场上创造价值的描述，包括企业的产品、服务、形象与配销的特定组合，以及用以完成工作的人员与作业基础建设的基本组织 |
| | | Linder等：组织或者商业系统创造价值的逻辑 |
| | | Weill等：对企业的顾客、合作伙伴与供货商间关系与角色的描述，目的在于辨认主要产品、信息和资金的流向以及参与主体能获得的主要利益 |
| | | Dubos son-To rbay：对企业及其伙伴网络为获得可持续的收入流，创造目标顾客群体、营销、传递价值和关系资本的描述 |
| 整合类 | 对企业商业系统运行的本质描述，是对企业经济模式、运营结构和战略方向的整合和提升 | Morris：说明企业如何对战略方向、运营结构和经济逻辑等方面一系列具有内部关联性的变量进行定位和整合，以便在特定的市场上建立竞争优势 |
| | | Osterwalder：一种建立在许多构成要素及其关系之上、用来说明特定企业商业逻辑的概念性工具 |

## 4.1.2 主要类型

商业模式主要类型包括BOT模式、BOO模式、BOOT模式、BLT模式、BT模式、TOT模式和PPP模式等，下面对其中典型商业模式进行分析。

### 1.BOT模式

BOT模式（建设-拥有-移交）以政府为主导，采用BOT形式，通过特许权协议，建立项目公司（如电网公司）进行经营和管理。这种方式可由某家企业（如电网公司）发起，其他公司参加，发起公司向当地政府提出建议或申请建设和经营所有项目的许可。在取得政府同意后组建项目公司，由政府授予该项目公司建设和经营特许权，项目公司负责筹集资金、设计和建设该项目。在政府约定的特许经营期间，由项目公司对项目的运营进行管理，所获现金流量和收益的支配权归项目公司所有。特许经营期满后，则终止特许经营权利，项目公司将该项目无偿移交给当地政府，BOT模式流程如图4-2所示。

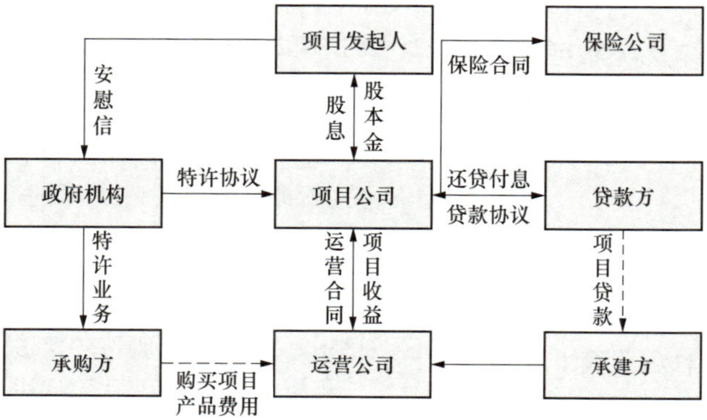


图4-2　BOT模式流程

## 2.BT模式

BT模式（建设-移交）是基础设施项目建设领域中采用的一种投资建设模式，指项目发起人通过与投资者签订合同，由投资者负责项目的融资、建设，并在规定时限内将竣工后的项目移交项目发起人，项目发起人根据事先签订的回购协议分期向投资者支付项目总投资及确定的回报，BT模式流程如图4-3所示。

## 3.TOT模式

TOT模式（转让-运行-移交）是一种通过出售现有资产以获得增量资金，进行新建项目融资的一种新型融资方式。在这种模式下，首先私营企业用私人资本或资金购买整个能源系统的全部或部分产权或经营权。然后，私人企业对能源系统进行开发和建设，在约定的时间内通过对能源系统经营，收回全部投资并取得合理的回报。特许期结束后，将得到的产权或经营权无偿移交给当地政府，TOT模式流程如图4-4所示。

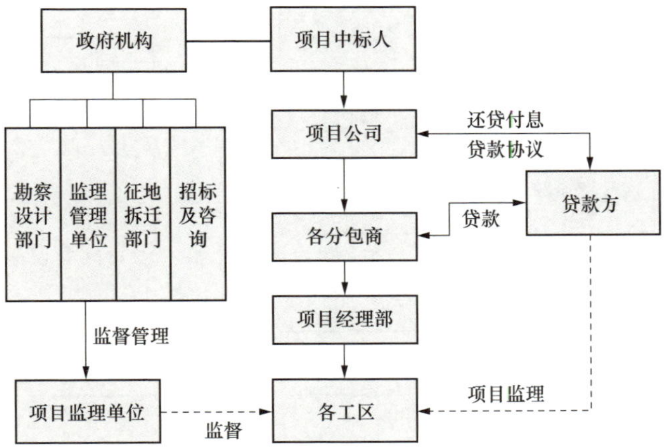


图4-3　BT模式流程

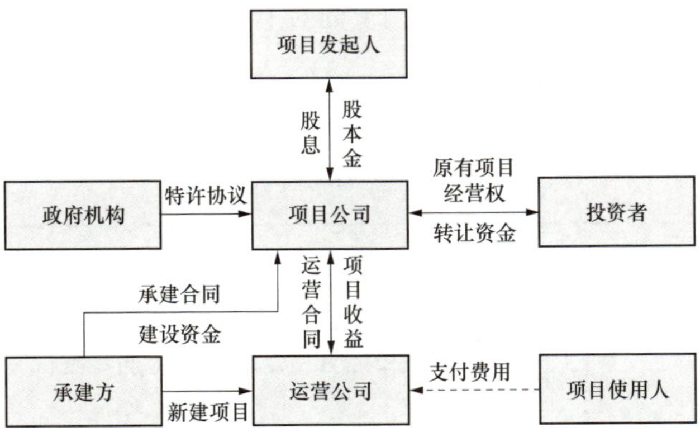


图4-4　TOT模式流程

## 4.PPP模式

PPP融资模式（公共–私营–合作）主要应用于基础设施等公共项目。首先，政府针对具体项目特许新建一家项目公司，并对其提供扶持措施。然后，项目公司负责项目的融资和建设，融资来源包括项目资本金和贷款。项目建成后，由政府特许企业进行项目的开发和运营，贷款人除了可以获得项目经营的直接收益外，还可获得通过政府扶持所转化的效益，PPP模式流程如图4-5所示。

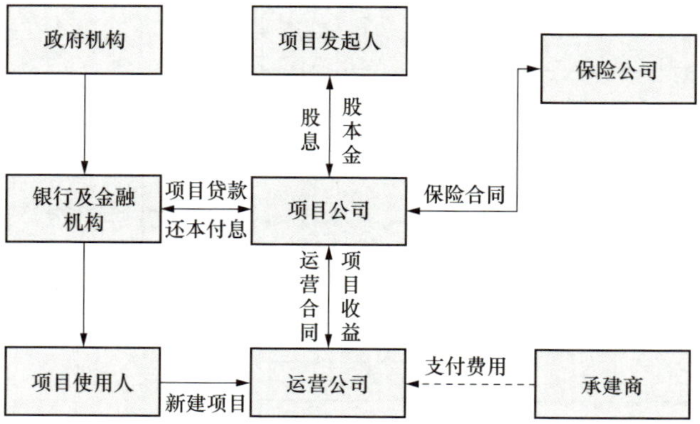


图4-5　PPP模式流程

## 5.对比分析

下面从投资建设主体及特征两方面对上述四种典型商业模式进行对比分析，典型模式对比见表4-2。

表4-2　典型模式对比

| 模式 | 投资建设主体 | 特征 |
| --- | --- | --- |
| BOT模式 | 东道国家、外资私营企业或外国私人投资 | 1）私营企业基于许可，取得通常由政府部门承担的建设和经营特定基础设施的专营权（以招标方式进行）；<br>2）由获专营权的私营企业在特许权期限内负责项目的建设、经营、管理，并用取得的收益偿还贷款；<br>3）特许权期限届满时，项目公司无偿或有偿将该基础设施移交给政府 |
| BT模式 | 项目业主、BT投资建设方、贷款银行或其他相关单位 | 1）BT模式仅适用于政府基础设施非经营性项目建设；<br>2）政府利用的资金是非政府资金，是通过投资方融资的资金，融资的资金可以是银行的，也可以是其他金融机构或私有的，可以是外资的也可以是国内的； |

续表

| 模式 | 投资建设主体 | 特征 |
| --- | --- | --- |
| BT模式 | 项目业主、BT投资建设方、贷款银行或其他相关单位 | 3）BT模式仅是一种新的投资融资模式，BT模式的点是B阶段；<br>4）投资方在移交时不存在投资方在建成后进行经营，获取经营收入的情况；<br>5）政府按比例分期向投资方支付合同的约定总价 |
| TOT模式 | 私营企业、购买者 | 1）有利于引进先进管理方式；<br>2）项目引资的可能性增加，使建设项目的建设和营运时间提前；<br>3）融资对象更为广泛，具有很强的可操作性 |
| PPP模式 | 政府和社会资本 | 1）政府购买商品和服务、给予授权、征收税费和收取罚款，这些事务的处理并不表明合作伙伴关系的真实存在和延续；<br>2）PPP中公共部门与私营部门并非简单分享利润，还需要控制私营部门可能的高额利润，即不允许私营部门在项目执行过程中形成超额利润；<br>3）伙伴关系作为与市场经济规则兼容的PPP机制，利益与风险也有对应性，风险分担是利益共享之外伙伴关系的另一个基础 |

## 4.2

## 电源侧储能电站运营商业模式

电源侧储能通过在负荷低谷时段充电，负荷高峰时段放电，有效参与峰谷调节，减少弃风、弃光率，实现新能源的大范围、长距离稳定消纳，并获取一定的削峰填谷收益及辅助服务收益。通过调控站内储能参与调峰调频，多时间尺度跟踪风、光计划曲线，确保场站实际输出功率连续稳定，优化上网电量电价申报计划，规避由中短期功率预测偏差导致的考核惩罚。

### 4.2.1 市场盈利渠道

电源侧储能具备峰谷套利、提供辅助服务、参与碳市场交易、参与绿电市场交易等市场盈利渠道，下面对其进行详细介绍。

**1. 峰谷套利**

利用峰谷价差获取利润是储能最主要的商业应用之一，电源侧的储能装置在负荷低谷、电价较低时充电，而在负荷高峰、电价较高时放电。储能系统的低储高发运行效益与储能系统的容量、储能系统的充放电效率、充放电策略以及分时电价有关。业内普遍认为，电源侧储能的峰谷电价差超过0.7元/kWh才具备盈利的可能。

**2. 提供辅助服务**

按比配储的新能源场站，在满足自身需求之余，可为电网提供调峰、调频、调压等辅助服务，并从电力辅助服务市场中获得可观的收益。通过储能调控，原本只能向下调节的新能源场站具备双向一次调频能力，并提升了调频性能；在电源侧配备储能系统，独立或联合火电机组提供调频辅助服务，能够有效增强电网调频能力，对提高供电质量、保证电网的安全稳定运行有重要意义。

**3. 参与碳市场交易**

新能源场站按比配储后，利用新能源发电可代替该区域电网的同等火电发电量，减少化石能源的消耗，降低碳排放量。政府主管部门给参与碳市场的各主体与企业设定碳排放额度，在新能源场站实际产生的碳排放量低于给定的额度时可以参与碳交易市场，以市场价格的碳价将剩余的碳配额售出给其他参与碳交易的市场主体与企业，从而获取一定收益。

**4. 参与绿电市场交易**

我国绿色电力交易市场正在健全，电源侧储能电站根据发电量可以申领相应的绿证，核发后可在绿色电力证书认购交易平台出售，各级政府机关、企事业单位、社会机构和个人均可认购，从而获取绿证收益。

## 5. 合作网络

电源侧储能商业模式所涉及的相关方主要包括大型储能设备生产商、政府机构、电网运营商、参与碳市场与绿电市场的其他用户主体、固定负荷用户以及灵活负荷用户。电源侧储能合作网络如图4–6所示。

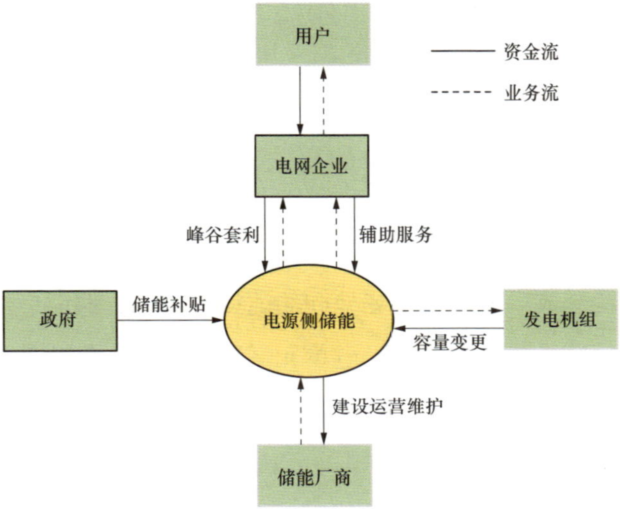


图4–6　电源侧储能合作网络

## 4.2.2 投资运营模式

电源侧储能在试点地区应用较为广泛，但投资运营模式尚未完全建立，仅有部分试点地区可以盈利，电源侧储能的投资运营模式主要有发电企业自投资模式、合同能源管理模式两种。

### 1. 发电企业自投资模式

在发电企业自投资模式中，发电企业投资自建的储能项目由业主自主运营，目前多为新能源电站业主投资建设，辅助跟踪计划出力，平滑发电出力波动，其收益来源以弃电存储为主，减少考核费用为辅，发电企业自投资模式架构如图4–7所示。

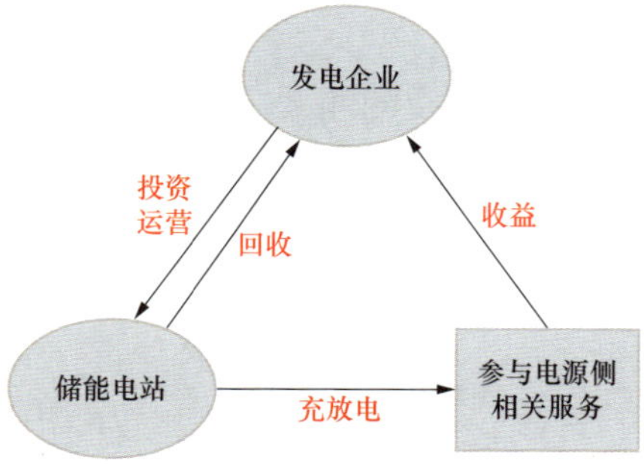


图4-7　发电企业自投资模式架构

### 2. 合同能源管理模式

在合同能源管理模式中，发电企业和储能企业双方以合同能源管理的模式进行利益分成。电厂提供场地和储能接入服务，储能厂商负责投资、设计、建设、运维并通过改善发电单元运行指标分享收益。从长远来看，调频市场容量有限，若未来发电企业普遍采取此种模式提高调频性能，市场收益将大幅下降，合同能源管理模式架构如图4-8所示。

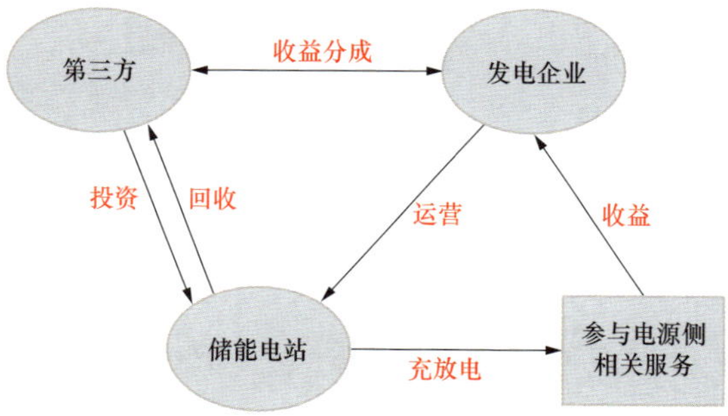


图4-8　合同能源管理模式架构

## 4.2.3 市场准入条件

对于电源侧储能，可将其视为非发电资源，是一种具有连续运行区间，既可以发电又可以耗电的资源，可制定专门的能量管理方案，允许该类储能参与双边容量市场、电能量市场和辅助服务市场。其价值点主要侧重于服务电源侧，将其视为发电资产，其价格通过参与电力市场竞争形成，按市场价格及规则结算。电源侧储能的市场准入条件见表4-3。

表4-3 电源侧储能的市场准入条件

| 定义 | 非发电资源，是一种具有连续运行区间，既可以发电又可以耗电的资源 |
|---|---|
| 准入条件 | 最低容量10MW，持续能量输出15~60min |
| 可参与市场 | 能量市场、容量市场、辅助服务市场 |

# 4.3 电网侧储能电站运营商业模式

电网侧储能主要涵盖抽水蓄能和电化学储能两大类，其中电化学储能是未来电网侧储能市场发展的重点。电网企业要围绕电源、负荷两方面需求，大力发展电网侧储能建设，提升电网调节、新能源消纳和应急供电保障的能力。目前，电网侧储能仍有诸多问题尚未形成共识，构建多方共赢的电网侧储能商业化应用模式是电网企业亟须考虑解决的问题。

电网侧储能的价值在于通过储能与电网的深度融合，可极大改进偏重电力平衡的传统电网规划和调度方式，全面提升清洁能源消纳能力、大电网安全稳定运行水平和电网投资运行效率，将开启电网智能柔性、经济高效的新模式。储能响应速度快、调节灵活的特点，使其在调峰、调频、缓解阻塞、替代和延缓输配电投资、电压支撑与无功控制、故障紧急备用等方面可发挥重要的作用。与独立运行的电源侧、用户侧储能不同，电网侧储能接受电力调度机构统一调控、参与系统全局优化，具备系统性、全局性优势。

## 4.3.1 市场盈利渠道

电网侧储能具备峰谷套利、提供辅助服务、提供储能容量租赁等市场盈利渠道，下面对其进行详细介绍。

### 1. 峰谷套利

以抽水蓄能电站为代表的电网侧储能电站采用“电量电费+备用容量费”两部制电价的方式获取电量收益，这种方式的本质仍是利用电价的峰谷差进行套利，同时也降低了网损成本。当电量在负荷低谷无法消纳时，电网侧储能电站可低价购买这部分电量，在负荷高峰时将储存电量释放，通过低买高卖获取一定收益，缓解用电高峰期的调峰压力。

### 2. 提供辅助服务

电网侧储能在提供辅助服务方面具有明显的优势，可以在短时间（几秒到几分钟）内，在无输出、满放电和满充电状态间自由转换，响应速度优于常规火电机组；可以在放电和充电状态之间切换，最高可以为系统提供两倍于自身容量的调节能力；还可以在非满负荷情况下经济运行。在电网侧的各类储能中，电化学储能的优势最为突出，能够以毫秒级的速度，快速响应电网需求，并可实时、精确控制充放电过程，同时以非常经济的成本实现容量调节，可与煤电、抽水蓄能等方式配合，有效提高大电网的调峰调频能力，实现良好的经济效益。

### 3. 提供储能容量租赁

随着越来越多的地区明确新能源场站按比配储要求，电网侧储能系统可以在满足自身需求的情况下将剩余容量租赁给新能源场站。低于用户自建储能单价的租赁费可以吸引目标群体，新能源场站购买一定时期内一定容量的储能服务可省去配储的投资成本，以较低价格满足配置储能的要求；而电网侧储能系统则可以赚取一定的运营收益。

### 4. 政府对储能进行补贴

为了推进储能产业发展，各地区相关部门相关企业努力协同产业各方参与者，积极引导储能政策和市场环境的改善。如浙江推出针对储能的直接补贴政策，年利用小时数不低于600h的调峰项目给予3年容量补贴。通过政策补贴推动储能应用，逐步完善商业模式，营造了良好的运行环境。

### 5. 合作网络

电网侧储能商业模式所涉及的相关方主要包括大型储能设备生产商、政府机构、电网运营商、固定负荷用户以及灵活负荷用户，与电源侧储能类似，但资金流和业务流发生改变，电网侧储能合作网络如图4-9所示。

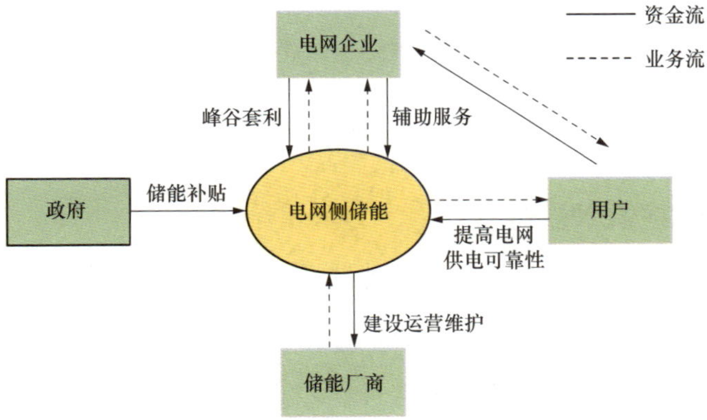


图4-9　电网侧储能合作网络

## 4.3.2 投资运营模式

我国目前投运的电网侧储能项目主要是示范项目，被用于提升电网运行的安全稳定水平、参与峰值调节及调频服务。电网侧储能的投资运营模式主要包括经营租赁模式、合同能源管理模式、独立交易主体模式、电网企业自投资模式四种。

### 1.经营租赁模式

在经营租赁模式中，由第三方出资建设储能项目。在一定年限内，电网企业负责日常运营，支付一定的租赁费用；租赁期结束后，将储能设备归还给投资方。该模式适用于以电网提供调峰调频等辅助服务为主，兼顾应急备用的场景。该模式可以缓解电网企业在储能初期投资过大的问题，能够有效降低储能技术在电网侧推广应用的难度，经营租赁模式架构如图4–10所示。

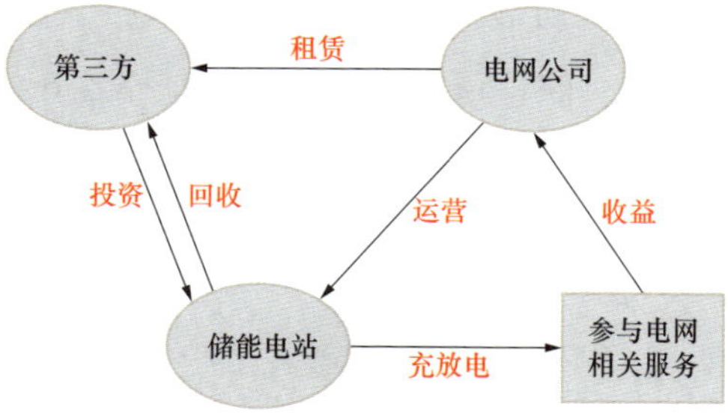


图4–10　经营租赁模式架构

### 2.合同能源管理模式

在合同能源管理模式中，由储能装置厂商负责投资建设储能项目，电网公司和储能厂商按照所签订的合同规定，在寿命期内，电网公司负责储能项目的运营，按照相应比例收益分成。该模式下，电网企业仅需要提供场地，大规模资金投入少，还能充分发挥储能生产或集成厂商的技术优势，推进储能技术的商业化应用进程，合同能源管理模式架构如图4–11所示。

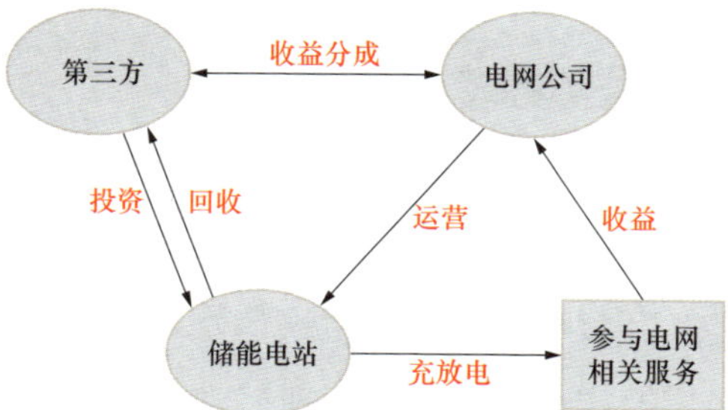


图4–11　合同能源管理模式架构

### 3. 独立交易主体模式

在独立交易主体模式中，储能装置厂家作为独立交易主体参与辅助服务市场，电网企业不参与储能投资运营，由储能厂家负责投资运营，独立参与电力系统需求响应服务，从而获得相关收益，独立交易主体模式架构如图4–12所示。

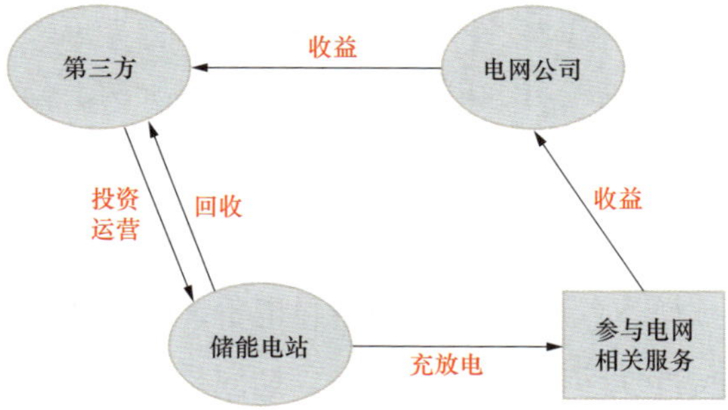


图4–12　独立交易主体模式架构

### 4. 电网企业自投资模式

在电网企业自投资模式中，储能作为电网企业固定资产，电网企业负责运营，享受储能项目带来的所有收益。该模式中，业主对储能电站控制能力较强，成本及经济收益均由业主独立承担，计入电网企业资产，适用于储能系统具备投资经济性的场景，如负荷峰谷差异化明显、峰值负荷较陡或所在市场政策补贴较为充分等调峰、调频辅助服务场景或电网必要的安全支撑与应急备用场景，电网企业自投资模式架构如图4–13所示。

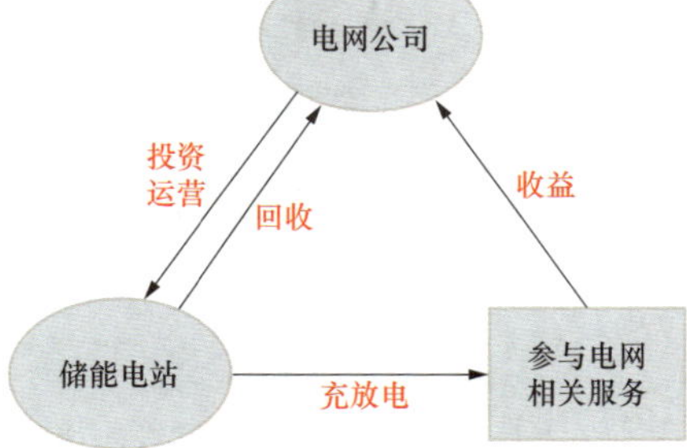


图4–13　电网企业自投资模式架构

### 4.3.3 市场准入条件

对于电网侧储能，其具备替代性发挥输变电设施的功能，主要通过提供辅助服务获利，可考虑将电网侧储能电价纳入输配电价，将其费用按电网企业每月实际发生的成本金额确定，由直接参与市场交易和电网企业代理购电的全体工商业用户共同分摊。其价值主要侧重于服务电网，将其视为输配电资产，其价格可分为电量电价和容量电价两部分。一方面，以竞争方式形成电量电价，在电力现货运行时，电量电价按现货市场价格及规则结算；电力现货尚未运行时，鼓励引入竞争性招标采购方式形成电量电价。另一方面，以政府定价方式形成容量电价，按照经营期定价方法核定容量电价，并随省级电网输配电价监管周期同步调整，同时将容量电费纳入输配电价回收，并考虑在多个省级电网分摊，以及在特定电源与电力系统间分摊等应用场景。电网侧储能的市场准入条件见表4–4。

表4–4　电网侧储能的市场准入条件

| 定义 | 具备替代性发挥输变电设施的功能，提高大电网的安全运行水平 |
|---|---|
| 准入条件 | 最低容量 10MW，在为多个节点提供服务时，最低容量不低于 20MW，持续能量输出 15~60min |
| 可参与市场 | 辅助服务市场、能量市场、容量市场 |

## 4.4 用户侧储能电站运营商业模式

用户侧储能主要指位于用户附近、所发电能以就地消纳为主的可进行电能存储、转换及释放的电化学储能系统。从电网侧看，用户侧电池储能位于用户与电网关口计量表计的用户侧，属用户资产。在国家尚未出台新的鼓励政策的情况下，各省级电力公司不参与负荷侧的储能投资建设。

用户侧储能可提升用户的电能质量和可靠性。传统的供电体系网络复杂，设备负荷性质多变，用户获得的电能质量（电压、电流和频率等）具有一定的波动性。而用户侧安装的储能系统服务对象明确，其相对简单和可靠的组成结构可保证其输出更高质量的电能。当电网供电不足或其他特殊情况时，储能系统还可以作为备用电源，提升供电可靠性。对于工商业用户，可以利用储能系统进行容量费用管理，即在用电低谷时储能，在高峰时释放，实现在不影响正常生产的情况下，降低最高用电功率，从而降低容量费用。

## 4.4.1 市场盈利渠道

用户侧储能具备峰谷套利、降低用户容量或最大需量电费、提供需求响应获利等市场盈利渠道，下面对其进行详细介绍。

### 1. 峰谷套利

用户侧的峰谷套利，实际是指基于分时电价的价格机制，赚取峰期电价与谷期电价差的电量电费收益。电量电费指可视电量，即计量电表抄表数值，是用户当月实际用电总量。可视电量与对应时期的电量电价乘积就是电量电费。实现峰谷套利的主要运行模式包括日单次充放电循环运行模式以及日多次满充满放循环运行模式，根据典型日负荷曲线将一天划分为峰、平、谷时段，用户侧的储能装置在用电低谷时充电，在用电高峰或电路故障时放电，从而获取电量收益。

### 2. 降低用户容量或最大需量电费

需量电费是针对大工业用户专用变压器收取的容量费用，也叫基础电费。如大工业用户变压器没有备案报停，则需每月固定缴纳需量电费。针对需量电费，供电公司一般给出两种选择模式，第一种是按照专用变压器容量收取，与用户实际用电负荷无关，价格按国家发展和改革委员会发布的电价执行；第二种是按照用户月最大负荷收取费用。当第一种模式的容量费用大于第二种模式下的容量费用时，大型工商业用户可通过安装储能装置降低需量费用，间接获取收益。

### 3. 提供需求响应获利

需求侧响应确切来说是电网行为，电网公司通过调度用户储能系统的容量实现对电网整体供需平衡的调节。电网租借用户储能系统容量是有偿付费行为，例如南方电网有限责任公司给出了0.5元/kWh的调度补偿价格。需求侧响应获得收益的基本条件是必须要把储能系统纳入省级储能系统调度平台，即储能系统的运行策略不是由企业用电行为自主决定，签署调度协议后，必须把储能资源让渡给电网调度。由于电力调度给出的指令根据电力运行情况确定，具有较大的随机性，因此需求侧响应的收益目前具有较强的不确定性。

### 4. 合作网络

用户侧储能商业模式所涉及的相关方主要包括储能设备生产商、政府机构、电网运营商、大型工商业用户以及普通用户，与电网侧储能与电源侧储能不同，用户侧储能相关商业应用集中于用户侧，用户侧储能合作网络如图4-14所示。

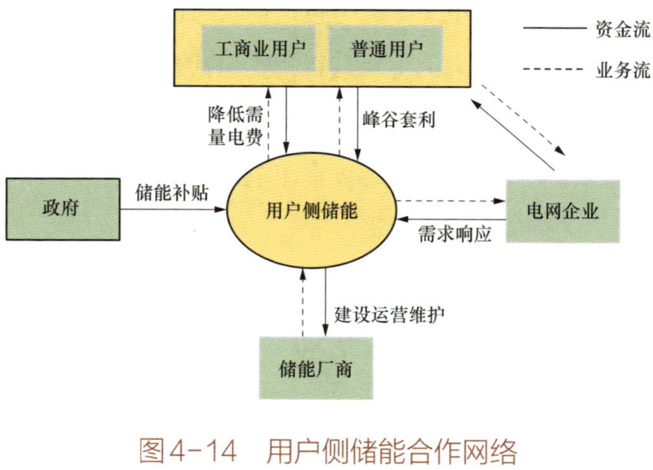


图4-14　用户侧储能合作网络

## 4.4.2 投资运营模式

我国用户端对储能电站的建设投资积极性较低，这主要是由于储能电站的投资数额较大、回报周期较长，以及政策原因导致的储能电价不明确、投资收益不明确等问题。目前，用户侧储能的投资运营模式尚处于探索阶段，主要包括业主投资运营模式、业主租赁模式、虚拟电厂模式三种。

### 1. 业主投资运营模式

业主投资运营模式一般适用于大型工商业用户。在该运营模式中，储能设备由用户自主建设运营，对传统负荷可实施削峰填谷、需求响应和需量电费管理等，可以保证电能质量和供电的安全性、稳定性，减少电压波动对电能质量的影响。其中，通过“谷充峰放”降低用电成本是用户侧最为普遍的商业化应用。业主投资运营模式架构如图4–15所示。

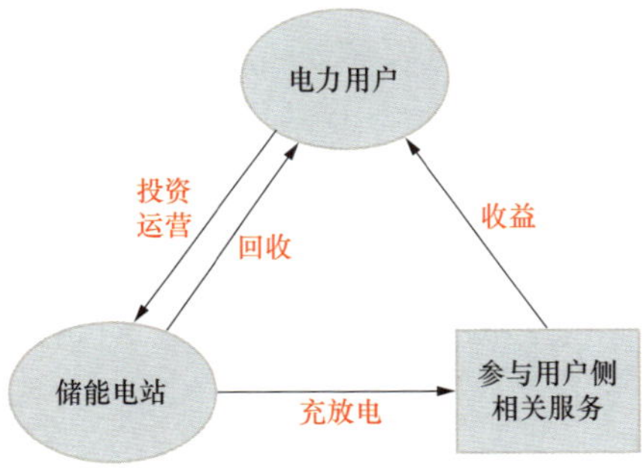


图4–15 业主投资运营模式架构

### 2. 业主租赁模式

业主租赁模式是目前用户侧储能领域应用范围最广的投资运营模式，具体形式是储能用户为了降低高峰电费和需量电费、获取备用电源，向储能项目开发商租赁储能系统。租赁期间，双方根据各自目标和应用要求具体商谈，储能用户支付租金。业主租赁模式架构如图4–16所示。

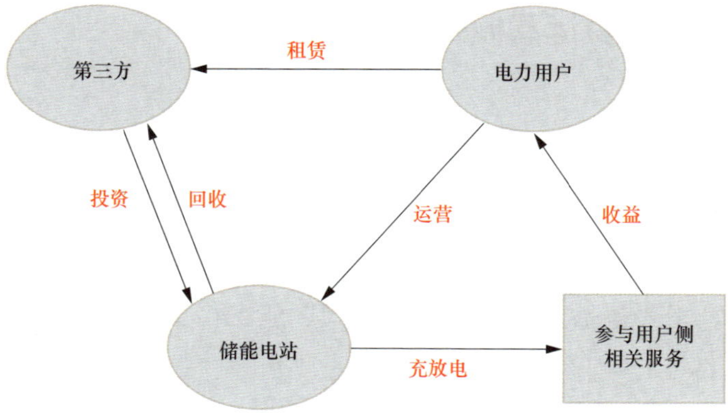


图4-16 业主租赁模式架构

### 3.虚拟电厂模式

虚拟电厂模式是分布式储能系统集成商基于能源软件管理平台，集成分散在用户侧的分布式储能系统，整合发电侧、输配电侧和用户侧的多重应用价值。由于分布式储能系统还可以参与电力市场调频、备用容量、需求响应等获取辅助服务收益，因此在当前储能成本相对较高的情况下仍然能够实现良好的项目投资回报。虚拟电厂模式架构如图4-17所示。

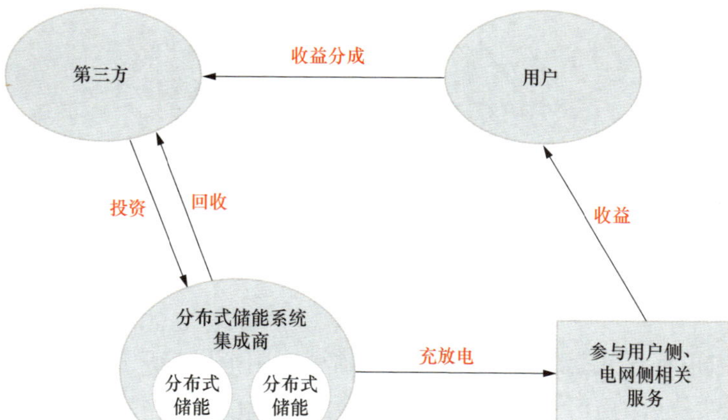


图4-17 虚拟电厂模式架构

### 4.4.3 市场准入条件

对于进入市场的用户侧储能，其具备需求响应功能，可根据价格信号调整出力，主要用于能量市场和辅助服务市场。其价值主要侧重于服务电网，将其视为输配电资产，其价格可分为电量电价和容量电价两部分。用户侧储能的市场准入条件见表4-5。

**表4-5 用户侧储能的市场准入条件**

| | |
|---|---|
| 定义 | 具备需求响应功能，可根据价格信号调整出力，提升用户电能质量及可靠性 |
| 准入条件 | 能量市场：最低容量2MW，在日前能量市场持续输出60min，在实时能量市场持续输出30min；<br>辅助服务市场：最低容量10MW，持续输出30min |
| 可参与市场 | 能量市场、辅助服务市场 |

## 4.5 本章小结

本章分析了电源侧、电网侧、用户侧储能电站运营的商业模式。其中，电源侧储能具备峰谷套利、提供辅助服务、参与碳市场交易、参与绿电市场交易等商业应用，其投资运营模式主要包括发电企业自投资模式和合同能源管理模式两种；电网侧储能具备峰谷套利、提供辅助服务、提供储能容量租赁等商业应用，其投资运营模式主要包括经营租赁模式、合同能源管理模式、独立交易主体模式、电网企业自投资模式；用户侧储能具备峰谷套利、降低用户容量或最大需量电费、提供需求响应获利等商业应用，其投资运营模式主要包括业主投资运营模式、业主租赁模式、虚拟电厂模式。

# 第五章

CHAPTER 5

# 新型电力系统储能电站投资经济性分析

表5-13　电网侧储能经济效果评价（策略二）

| 经济评价指标 | 数值 | 经济评价指标 | 数值 |
| --- | --- | --- | --- |
| IRR（税前） | 4.36% | IRR（税后） | 3.03% |
| 投资回收期（税前） | 8.19年 | 投资回收期（税后） | 8.43年 |
| 总投资收益率 | 3.14% | 资本金净利润率 | 3.43% |

表5-14　电网侧储能敏感性分析结果（策略二）

| 不确定因素 | 变化率（%） | 税后内部收益率（%） | 内部收益率变化率（%） | 敏感度系数 |
| --- | --- | --- | --- | --- |
| 基本方案 | 0 | 3.03 | 0 | 0 |
| 调用里程补偿 | -10 | 2.61 | -13.86 | 1.39 |
| | -5 | 2.82 | -6.93 | |
| | 5 | 3.25 | 7.26 | |
| | 10 | 3.46 | 14.19 | |
| 容量租赁单价 | -10 | 2.09 | -31.02 | 3.10 |
| | -5 | 2.56 | -15.51 | |
| | 5 | 3.5 | 15.51 | |
| | 10 | 3.97 | 31.02 | |
| 财政补贴 | -10 | 2.7 | -10.89 | 1.09 |
| | -5 | 2.86 | -5.61 | |
| | 5 | 3.2 | 5.61 | |
| | 10 | 3.38 | 11.55 | |

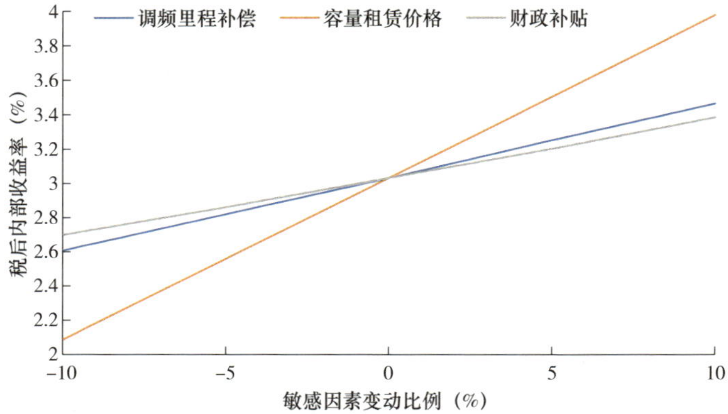


图5-6　电网侧储能敏感性分析对比（策略二）

3）运营策略三。在运营策略三中，从投资者的角度来看，当储能电站容量率为1时，电网侧储能参与能量现货市场获得的峰谷套利收入为870.91万元/年，获得的辅助服务市场调频收益为222.70万元/年，容量租赁获得的收益是720万元/年，三年政府补贴获得的收益分别是360万、324万、306万元。对运营策略三的电网侧储能进行全寿命周期的经济性分析，分析结果见表5-15。

基于表5-15电网侧储能全寿命周期的经济性分析结果，对项目的经济效果进行评价，电网侧储能经济效果评价（策略三）见表5-16。

由表5-16可知，该电网侧储能项目（策略三）能在运营期内完成资金回收。进一步，选取现货市场峰谷价差、辅助服务市场的调用里程补偿单价、容量租赁单价、财政补贴作为敏感性分析因素，以税后内部收益率作为分析指标，开展电网侧储能的敏感性分析。电网侧储能敏感性分析结果（策略三）见表5-17，电网侧储能敏感性分析对比（策略三）如图5-7所示。

从图5-7可以看出，容量租赁单价为电网侧储能经济性的敏感因素，应予以重点关注，而调频里程补偿、现货市场峰谷价差及财政补贴对电网侧储能经济性的影响相对较小。

表5-15　电网侧储能全寿命周期经济性分析（策略三）

| 寿命周期 | 建设期 | 运营期 | | | | | | | |
|---|---|---|---|---|---|---|---|---|---|
| 年份 | 1 | 2 | 3 | 4 | 5 | 6 | 7 | 8 | 9 |
| 额定容量率 | 100% | 100% | 97.5% | 95% | 92.5% | 90% | 87.5% | 85% | 82.5% |
| 峰谷套利收益 | | 870.91 | 849.14 | 827.37 | 805.59 | 783.82 | 762.04 | 740.28 | 718.5 |
| 调频收益 | | 222.70 | 222.70 | 222.70 | 222.70 | 222.70 | 222.70 | 222.70 | 222.70 |
| 容量租赁收益 | | 720 | 720 | 720 | 720 | 720 | 720 | 720 | 720 |
| 营业收入（含税） | | 1813.61 | 1791.84 | 1770.07 | 1748.29 | 1726.52 | 1704.75 | 1682.97 | 1661.2 |
| 营业收入（不含税） | | 1604.97 | 1585.7 | 1566.43 | 1547.16 | 1527.89 | 1508.63 | 1489.36 | 1470.09 |
| 政府补贴 | | 360 | 324 | 306 | 0 | 0 | 0 | 0 | 0 |
| 现金流入 | | 1964.97 | 1909.7 | 1872.43 | 1547.16 | 1527.89 | 1508.63 | 1489.36 | 2809.83 |
| 营业成本 | | 723.75 | 712.94 | 702.24 | 691.65 | 681.16 | 670.78 | 660.52 | 752.27 |
| 增值税及附加税 | | 0 | 0 | 0 | 149.42 | 221.35 | 218.52 | 215.7 | 206.02 |
| 所得税前净现金流量 | -6530 | 1241.22 | 1196.75 | 1170.19 | 706.1 | 625.39 | 619.32 | 613.14 | 1851.54 |
| 累计所得税前净现金流量 | -6530 | -5288.78 | -4092.03 | -2921.84 | -2215.74 | -1590.36 | -971.04 | -357.9 | 1493.64 |
| 调整所得税 | 0 | 111.6 | 108.86 | 106.08 | 103.29 | 100.46 | 97.6 | 94.72 | 64.81 |
| 所得税后净现金流量 | -6530 | 1129.61 | 1087.9 | 1064.1 | 602.81 | 524.93 | 521.72 | 518.42 | 1786.73 |
| 累计所得税后净现金流量 | -6530 | -5400.39 | -4312.49 | -3248.39 | -2645.57 | -2120.65 | -1598.93 | 1080.51 | 706.22 |

表5-16　电网侧储能经济效果评价（策略三）

| 经济评价指标 | 数值 | 经济评价指标 | 数值 |
|---|---|---|---|
| IRR（税前） | 4.89% | IRR（税后） | 2.35% |
| 投资回收期（税前） | 8.19年 | 投资回收期（税后） | 8.6年 |
| 总投资收益率 | 5.97% | 资本金净利润率 | 5.5% |

表5-17　电网侧储能敏感性分析结果（策略三）

| 不确定因素 | 变化率（%） | 税后内部收益率（%） | 内部收益率变化率（%） | 敏感度系数 |
|---|---|---|---|---|
| 基本方案 | 0 | 2.35 | 0 | 0 |
| 现货市场峰谷价差 | -10 | 2.32 | -1.28 | 0.13 |
| | -5 | 2.33 | -0.85 | |
| | 5 | 2.36 | 0.43 | |
| | 10 | 2.38 | 1.28 | |
| 调用里程补偿 | -10 | 2.06 | -12.34 | 1.23 |
| | -5 | 2.2 | -6.38 | |
| | 5 | 2.49 | 5.62 | |
| | 10 | 2.64 | 12.34 | |
| 容量租赁单价 | -10 | 1.39 | -40.85 | 4.09 |
| | -5 | 1.87 | -20.43 | |
| | 5 | 2.82 | 20.00 | |
| | 10 | 3.3 | 40.43 | |
| 财政补贴 | -10 | 2.01 | -14.47 | 1.45 |
| | -5 | 2.18 | -7.23 | |
| | 5 | 2.52 | 7.23 | |
| | 10 | 2.69 | 14.47 | |

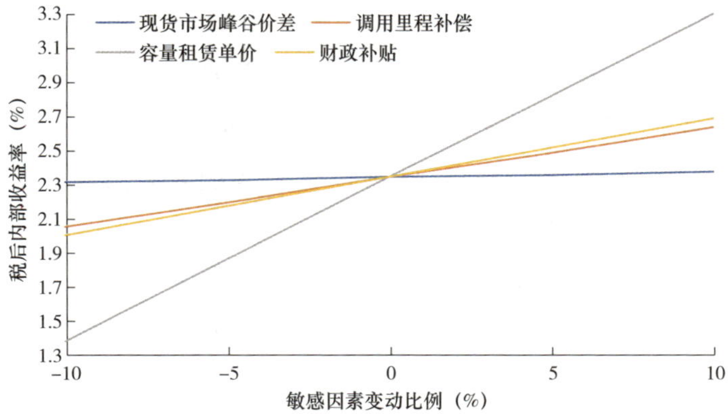


图5-7　电网侧储能敏感性分析对比（策略三）

### 3. 用户侧储能

（1）基础数据。本节设置的用户侧储能可通过削峰填谷、参与需求响应、降低需量电费获取收益。计算条件如下：

1）储能容量。在本节用户侧储能经济性测算中，配置的储能电站容量为6MW/12MWh 寿命期设为8年，年运营天数设为300天，充放电深度为90%，充放电效率90%。

2）储能电站的建设成本。用户侧储能也选用磷酸铁锂电池，其单位造价与电源侧储能的单位造价相同，贷款比例50%，短期贷款利率3.85%，长期贷款利率4.65%，偿还期5年，铺底流动资金20万元。

3）储能电站的运营成本。用户侧储能人员工资10万元/年，年增长率5%；其他年运营成本为储能电站建设成本的2%，年增长率2%；废旧电池处理成本30元/kWh，所得税率25%，折现率8%，设备增值税率13%，提取法定公积金10%。

4）工商业用户峰谷电价。该地尖峰时段为每天的9:00—11:00、15:00—17:00，尖峰时段电价1.271元/kWh；低谷时段为每天的11:00—13:00、22:00—次日8:00，低谷时段电价0.3195元/kWh，每天充放电两次。

5）储能电站参与各类市场的相关参数。计算需求响应收益时，年需求响应次数取100次，每次需求响应的电量取额定容量的1/4，需求响应补偿为4元/kWh。计算降低需量电费收益时，需量电费为40元/（kW·月），一年中超过最大功率的月份为6个月，长期过载能力为10%。

用户侧储能经济性测算参数见表5-18。

### 表5-18　用户侧储能经济性测算参数

| 参数 | 数值 | 单位 | 参数 | 数值 | 单位 |
|---|---|---|---|---|---|
| 电池设备单价 | 1404 | 元/kWh | 放电价格 | 1.2817 | 元/kWh |
| 非电池设备单价 | 396 | 元/kWh | 充电价格 | 0.3312 | 元/kWh |
| 额定容量 | 12 | MWh | 年需求响应次数 | 100 | 次 |
| 运营费率 | 2 | % | 单次需求响应容量 | 3000 | kWh |
| 折现率 | 8 | % | 需求响应补贴 | 4 | 元/kWh |
| 运营费用年增长率 | 2 | % | 年超过最大功率月数 | 6 | |
| 最大使用年限 | 8 | 年 | 长期过载能力 | 10 | % |
| 充放电深度 | 90 | % | 需求响应补贴 | 40 | 元/（kW·月） |
| 充放电效率 | 90 | % | | | |

（2）算例分析。以上述参数为基础，进行用户侧储能的经济性测算。从投资者的角度来看，当储能电站容量率为1时，用户侧储能获得的削峰填谷收益为823.61万元/年，参与需求响应获得的收益是120万元/年，降低需量电费获得的收益是158.4万元/年。用户侧储能全寿命周期经济性分析见表5-19。

基于表5-19用户侧储能全寿命周期的经济性分析结果，对项目的经济效果进行评价，评价结果见表5-20。

表5-19　用户侧储能全寿命周期经济性分析

单位：万元

| 寿命周期 | 建设期 | 运营期 | | | | | | | |
|---|---|---|---|---|---|---|---|---|---|
| 年份 | 1 | 2 | 3 | 4 | 5 | 6 | 7 | 8 | 9 |
| 额定容量率 | 100% | 100% | 97.5% | 95% | 92.5% | 90% | 87.5% | 85% | 82.5% |
| 削峰填谷收益 | | 823.61 | 803.02 | 782.43 | 761.84 | 741.25 | 720.66 | 700.07 | 679.48 |
| 需求响应收益 | | 120 | 117 | 114 | 111 | 108 | 105 | 102 | 99 |
| 降低需量电费收益 | | 158.4 | 154.44 | 150.48 | 146.52 | 142.56 | 138.6 | 134.64 | 130.68 |
| 营业收入（含税） | | 1102.01 | 1074.46 | 1046.91 | 1019.36 | 991.81 | 964.26 | 936.71 | 909.16 |
| 营业收入（不含税） | | 975.23 | 950.85 | 926.47 | 902.09 | 877.71 | 853.33 | 828.94 | 804.56 |
| 政府补贴 | | 0 | 0 | 0 | 0 | 0 | 0 | 0 | 0 |
| 现金流入 | | 975.23 | 950.85 | 926.47 | 902.09 | 877.71 | 853.32 | 828.94 | 1183.43 |
| 营业成本 | | 282.93 | 278.54 | 274.19 | 269.88 | 265.62 | 261.41 | 257.24 | 287.09 |
| 增值税及附加税 | | 0 | 25.00 | 134.54 | 130.98 | 127.42 | 123.87 | 120.31 | 114.47 |
| 所得税前净现金流量 | -2180 | 692.29 | 647.31 | 517.74 | 501.22 | 484.66 | 468.05 | 451.39 | 781.87 |
| 累计所得税前净现金流量 | -2180 | -1487.71 | -840.40 | -322.66 | 178.57 | 663.23 | 1131.28 | 1582.67 | 2364.54 |
| 调整所得税 | 0 | 149.03 | 143.24 | 137.44 | 131.63 | 125.80 | 119.97 | 114.12 | 99.26 |
| 所得税后净现金流量 | -2180 | 543.26 | 504.07 | 380.30 | 369.60 | 358.86 | 348.08 | 337.27 | 682.61 |
| 累计所得税后净现金流量 | -2180 | -1636.74 | -1132.67 | -752.37 | -382.77 | -23.91 | 324.17 | 661.44 | 1344.06 |

表5-20　用户侧储能经济效果评价

| 经济评价指标 | 数值 | 经济评价指标 | 数值 |
| --- | --- | --- | --- |
| IRR（税前） | 20.76% | IRR（税后） | 12.28% |
| 投资回收期（税前） | 4.64年 | 投资回收期（税后） | 6.07年 |
| 总投资收益率 | 23.18% | 资本金净利润率 | 25.36% |

由表5-20可知，该用户侧储能项目经济性较好，内部收益率大于基准折现率，可在运营期内完成资金回收。

进一步，选取目录电价的峰谷价差、需量电费、需求响应补贴作为敏感性分析因素，以税后内部收益率作为分析指标，开展用户侧储能的敏感性分析。用户侧储能敏感性分析结果见表5-21，用户侧储能敏感性分析对比如图5-8所示。

表5-21　用户侧储能敏感性分析结果

| 不确定因素 | 变化率（%） | 税后内部收益率（%） | 内部收益率变化率（%） | 敏感度系数 |
| --- | --- | --- | --- | --- |
| 基本方案 | 0 | 12.28 | | |
| 峰谷价差 | -10 | 10.32 | -15.96 | 1.60 |
| | -5 | 11.30 | -7.98 | |
| | 5 | 13.24 | 7.20 | |
| | 10 | 14.20 | 14.40 | |
| 需量电费 | -10 | 11.78 | -4.07 | 0.41 |
| | -5 | 12.03 | -2.04 | |
| | 5 | 12.53 | 1.88 | |
| | 10 | 12.78 | 3.76 | |

续表

| 不确定因素 | 变化率（%） | 税后内部收益率（%） | 内部收益率变化率（%） | 敏感度系数 |
|---|---|---|---|---|
| 需求响应补贴 | -10 | 11.9 | -3.09 | 0.31 |
| | -5 | 12.09 | -1.55 | |
| | 5 | 12.47 | 1.40 | |
| | 10 | 12.66 | 2.80 | |

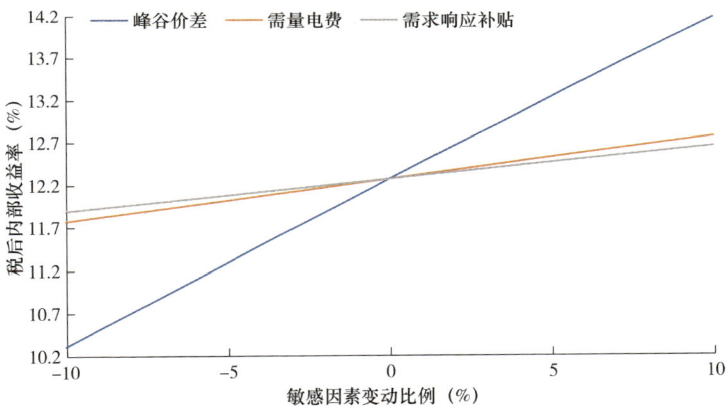


图5-8　用户侧储能敏感性分析对比

从图5-8可以看出，峰谷价差为用户侧储能经济性的敏感因素，应予以重点关注，而需量电费、需求响应补贴对用户侧储能经济性的影响相对较小。

## 5.4 本章小结

首先，本章提出储能电站投资经济性评价框架；其次，对各类储能电站度电成本进行测算，并对抽水蓄能、锂离子电池度电成本进行敏感性分析；最后，在现有的政策环境及市场条件下，设定一定的边界计算条件，使用成本收益分析方法对不同场景下储能电站投资经济性进行详细计算和分析。

# 第六章

CHAPTER 6

# 新型电力系统储能电站投资综合价值共享机制

## 6.1 储能电站投资价值评估体系

### 6.1.1 体系构建原则

储能电站投资价值的影响因素较多并且复杂。从科学性和客观性出发，影响储能电站投资价值的全部因素均应看作评价指标。但是如果将全部影响因素都作为评价指标，数据收取和计算的难度增加，因此需要进行取舍。由于储能电站投资价值评价涉及的因素较多，因此需要由多个具有内在联系的指标按照一定的结构层次组合在一起构成指标体系，并且选取的评价指标要科学、如实地反映储能电站的投资价值。结合投资价值评价的特点及内涵，指标选取应遵循一定的原则，包括全面性、科学性、独立性、定性与定量相结合、可操作性、可比性，指标选取原则如图6-1所示。

图6-1　指标选取原则

（1）全面性原则。评价指标体系应涵盖投资价值的各方面，既要体现储能电站自身特点，还要反映外部运行环境的影响。

（2）科学性原则。科学的评价方法能真实反映设备投资价值的客观规律，指引未来决策。在建立评价指标体系时，需要从科学性出发，找出储能电站投资价值的主要影响因素。

（3）独立性原则。指标之间难免具有一定的内在联系，应该尽可能去除指标信息上的相关和重叠，即不同层级的指标可以有相关关系，而同一层级的指标间信息尽量不重复。

（4）定性与定量相结合的原则。选取指标，应尽量选取能够量化的评价指标，而对于难以量化的重要指标也必须予以考虑，将其作为定性描述指标。

（5）可操作性原则。评价指标应做到概念清晰、定义准确，相关数据与资料要能便于收集，并且评价指标体系力求防止相关评价指标的内容交叉和相互重叠，做到简洁、适用。

（6）可比性原则。指标系统中层次相同的指标，理应符合可比性的原则。

### 6.1.2 初始价值体系构建

为了能够高效全面地评估不同应用场景下各储能电站的投资价值，对各储能电站进行科学合理的排序，建立综合价值评估指标体系具有重要意义。提取新型电力系统中储能的三大典型应用场景，作为本章储能电站投资及价值评估的主要场景，分别是电源侧（场景1）、电网侧（场景2）和用户侧（场景3）。结合所选应用场景特性，考虑各种储能电站的特性，遵循指标体系构建原则，总结出技术、经济、效率和环境四个维度22个评价指标，构建了储能电站在新型电力系统中多应用场景的投资价值初始指标体系，储能电站投资价值初始评价指标体系见表6-1。

表6-1　储能电站投资价值初始评价指标体系

| 维度 | 指标 |
| --- | --- |
| 技术性 | 储能容量 |
| | 功率输出 |
| | 充放电效率 |
| | 能量密度 |
| | 功率密度 |
| | 循环次数 |
| | 使用寿命 |
| | 放电深度 |
| | 自放电率 |
| | 反应速度 |
| | 安全性 |
| 经济性 | 资本强度 |
| | 建设时间 |
| | 运维成本 |
| | 投资回收期 |
| | 储能系统收益 |
| | 期末回收残值 |
| | 技术成熟度 |
| 效率性 | 能源效率 |
| | 能源强度 |
| 环境性 | 节能减排效应 |
| | $CO_2$强度 |

## 6.1.3 关键价值指标筛选

本节采用模糊德尔菲法对储能电站投资关键价值指标进行筛选。

### 1. 模糊德尔菲法基本原理

德尔菲法本质上是一种反馈匿名函询法，是一种有效的、可靠的收集专家判断和意见的方法，适用于决策和预测等研究。然而传统的德尔菲法在征得专家的意见之后，需要对其进行整理、归纳、统计，再匿名反馈给各专家，如此反复，直至得到一致的意见结果。一般此过程需要重复四轮，这无疑是耗时的、低效率的，并且很难通过咨询反馈得到统一的意见结果。

模糊德尔菲法可以有效解决上述问题。模糊德尔菲法结合了模糊理论和传统的德尔菲方法。在模糊德尔菲方法中，被邀请的专家需要利用三角模糊数对指标进行三点评估。利用隶属度函数对专家的判断结果进行验证，这样就不需要对专家的判断进行逐轮验证。隶属度函数可以最大程度地利用专家判断给出的信息。由于模糊德尔菲法的优越性，许多研究都用其构建评价指标体系。

模糊德尔菲模型的具体步骤如下：

（1）通过咨询选定的专家，可以确定指标体系中每个指标重要性区间的上界和下界。每个指标的重要性区间为[0，10]，数值越大，表示指标越重要。其中下界较小的代表保守值区间，上界较大的代表乐观值区间。

（2）计算每个指标的保守三角模糊函数$\left(C_L^i, C_M^i, C_U^i\right)$和乐观三角模糊函数$\left(O_L^i, O_M^i, O_U^i\right)$。其中，$C_L^i$、$O_L^i$代表专家对$i$指标判断的保守值和乐观值的最小值；$C_U^i$、$O_U^i$代表专家对$i$指标判断的保守值和乐观值的最大值；$C_M^i$、$O_M^i$代表指标$i$乐观值和保守值的最小值和最大值的几何平均值。

（3）验证专家判断结果的一致性并计算指标$i$的重要性一致值$G_i$。具体判断如下：

1）如果$C_U^i \leqslant O_L^i$，说明指标$i$的判断是一致的，那么$G_i$计算如下：

$$G_i = \frac{C_M^i + O_M^i}{2} \tag{6-1}$$

2）如果$C_U^i > O_L^i$，需要判断灰度范围值$Z^i = C_U^i - O_L^i$与$M^i = O_U^i - C_M^i$的关系。

①如果$Z^i \leqslant M^i$，则一致值$G_i$计算如下：

$$G_i = \frac{\left(C_U^i \times O_M^i\right) - \left(O_L^i \times C_M^i\right)}{\left(C_U^i - C_M^i\right) + \left(O_M^i - O_L^i\right)} \tag{6-2}$$

②如果$Z^i > M^i$，说明专家们的判断存在矛盾。此时需要专家重新进行步骤（1）和（2），直到得到的判断结果一致。重要性一致值$G_i$不仅指专家对指标$i$判断的一致性程度，$G_i$的大小还表示指标$i$的重要程度，$G_i$越大说明指标$i$越重要。为了检验每个指标的重要程度的显著性，需要确定一个合理的阈值，本节取所有指标上下界的几何平均值作为筛选最终指标的阈值。

### 2.关键指标筛选

从相关领域遴选5名专家，包括储能电站的研究学者和投资者，电网和微电网建设的决策者和管理者，可再生能源发电的建设者和储能示范项目的管理者。基于专家的判断结果，利用模糊德尔菲法筛选出关键的指标构成评价指标体系。

首先，专家给出对每个初始指标的重要性判断结果，进而得到每个指标的保守值和乐观值。其次，据此计算每个指标的保守三角模糊函数$\left(C_L^i, C_M^i, C_U^i\right)$和乐观三角模糊函数$\left(O_L^i, O_M^i, O_U^i\right)$。然后，判断$C_U^i$和$O_L^i$的大小关系，利用式（6–1）或式（6–2）计算$G_i$来检验专家判断的一致性。最后，得到临界值为3.59，将其与$G_i$比较，筛选出最终的指标集合。模糊德尔菲法筛选指标结果见表6–2，最终筛选出10个相对显著的指标组成最终的储能电站投资价值评价指标体系。

表6-2 模糊德尔菲法筛选指标结果

| 维度 | 指标 | 保守值 | | | 乐观值 | | | $M^i$ | 一致值 |
|---|---|---|---|---|---|---|---|---|---|
| | | $C_L^i$ | $C_M^i$ | $C_U^i$ | $O_L^i$ | $O_M^i$ | $O_U^i$ | $-Z^i$ | $G_i$ |
| 技术性 | 储能容量 | 2 | 2.88 | 4 | 5 | 5.65 | 6 | 4.12 | 4.27 |
| | 功率输出 | 1 | 1.44 | 3 | 2 | 2.62 | 3 | 0.56 | 2.28 |
| | 充放电效率 | 1 | 1.59 | 2 | 2 | 2.62 | 3 | 1.41 | 2.10 |
| | 能量密度 | 1 | 1.26 | 2 | 2 | 2.62 | 3 | 1.74 | 1.94 |
| | 功率密度 | 1 | 1.82 | 3 | 2 | 2.62 | 3 | 0.18 | 2.34 |
| | 循环次数 | 6 | 6.32 | 7 | 6 | 6.95 | 8 | 0.68 | 6.58 |
| | 使用寿命 | 2 | 2.29 | 3 | 3 | 3.63 | 4 | 1.71 | 2.96 |
| | 放电深度 | 4 | 4.58 | 6 | 5 | 5.94 | 7 | 1.42 | 5.40 |
| | 自放电率 | 1 | 2.29 | 4 | 2 | 3.42 | 5 | 0.71 | 2.91 |
| | 反应速度 | 6 | 6.65 | 7 | 7 | 7.96 | 9 | 2.35 | 7.30 |
| | 安全性 | 7 | 7.32 | 8 | 8 | 8.65 | 9 | 1.68 | 7.99 |

续表

| 维度 | 指标 | 保守值 | | | 乐观值 | | | $M^i$ | 一致值 |
|---|---|---|---|---|---|---|---|---|---|
| | | $C_L^i$ | $C_M^i$ | $C_U^i$ | $O_L^i$ | $O_M^i$ | $O_U^i$ | $-Z^i$ | $G_i$ |
| 经济性 | 资本强度 | 4 | 4.93 | 6 | 5 | 5.94 | 7 | 1.07 | 5.47 |
| | 建设时间 | 1 | 2.00 | 4 | 2 | 3.11 | 5 | 1.00 | 2.71 |
| | 运维成本 | 4 | 4.31 | 5 | 4 | 4.93 | 6 | 0.69 | 4.57 |
| | 投资回收期 | 2 | 2.52 | 4 | 3 | 3.56 | 5 | 1.48 | 3.27 |
| | 储能系统收益 | 1 | 2.15 | 5 | 2 | 3.30 | 6 | 0.85 | 2.94 |
| | 期末回收残值 | 1 | 1.26 | 2 | 2 | 2.62 | 3 | 1.74 | 1.94 |
| | 技术成熟度 | 2 | 2.88 | 4 | 3 | 4.16 | 6 | 2.12 | 3.51 |
| 效率性 | 能源效率 | 4 | 4.93 | 6 | 5 | 5.94 | 7 | 1.07 | 5.47 |
| | 能源强度 | 3 | 4.16 | 6 | 6 | 6.65 | 7 | 2.84 | 5.40 |
| 环境性 | 节能减排效应 | 2 | 2.29 | 3 | 3 | 3.91 | 5 | 2.71 | 3.10 |
| | $CO_2$强度 | 5 | 5.31 | 6 | 6 | 6.95 | 8 | 2.69 | 6.13 |

储能电站投资价值评价指标体系如图6-2所示，评价指标体系包括技术性、经济性、效率性和环境性四个维度。在10个指标中，有1个定性指标和3个极小型指标。

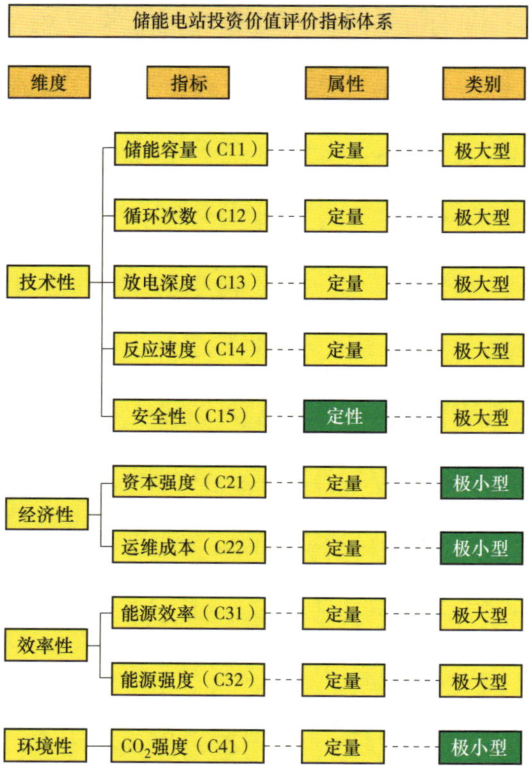


图6-2　储能电站投资价值评价指标体系

（1）技术性指标。技术性维度包括5个极大型指标，其中安全性指标为定性指标，其余指标均为定量指标。储能容量表示储能电站储存能量的能力，即能够储存的最大电能。循环次数表示储能电站在寿命期内能够充放电循环运行的次数。放电深度指储能电站的放电量与额定容量的百分比。反应速度（C-Rate）是额定功率和额定容量之间的比率，反应速度为1C时，表示满功率时，储存的能量耗尽需要1h。反应速度为2C时，表示储能可以完全放电30min，C/2表示完全放电2h，依此类推。安全性指储能系统抵抗外界干扰，保持安全稳定运行的能力。

（2）经济性指标。经济性维度包括两个代表储能电站成本的极小型指标。资本强度表示储能电站每单位容量和功率所需的投资成本。运维成本是储能电站运行和维护时的人工成本、材料成本和检修成本等。

（3）效率性指标。效率性维度包括两个极大型指标。能源效率是储能在一次充放电循环运行时，储能电站输出的总能量与为了储存能量所消耗的能量的比率。能源强度表示储能电站寿命期内输出的总能量与建造储能电站消耗的总能量的比值。

（4）环境性指标。环境性维度包括 1 个极小型指标。$CO_2$强度表示建设储能电站过程中$CO_2$的排放量与储能电站寿命期内输出的总能量的比值。

# 6.2 储能电站投资综合价值评估模型

本节构建的储能电站投资综合价值评估模型由以下2个部分组成：用于评价指标排序和计算评价指标权重的贝叶斯最优最劣法、用于挑选最佳储能电站类型的模糊累积前景法。

## 6.2.1 贝叶斯最优最劣法

贝叶斯最优最劣法是在原最优最劣法的基础上，结合统计推断中的贝叶斯定理求解存在一组决策者时的指标权重，相比传统最优最劣法，能够保留和提供更多的信息。和另一种比较常见的基于成对比较的层次分析法相比，最优最劣法更加简便，因为层次分析法需要成对比较所有$n$个指标

$\frac{n(n-1)}{2}$次，而最优最劣法只需要成对比较$2n-3$次。但是传统最优最劣法只根据一个决策者的偏好来确定一组指标的最优权重。当面对多个决策者时，一般的处理方法是分别计算每个决策者的偏好下的一组最优权重，然后对每个指标的权重进行算术或者几何平均，最后得到多个决策者下的总权重。

本节采用的贝叶斯最优最劣法可以解决上述问题。当存在多个决策者对一组指标的决策偏好时，可以直接求解得到多个决策者下的总权重。贝叶斯最优最劣法是在原始最优最劣法的基础上，在求解指标权重时引入一个贝叶斯层次模型来一次性求解存在多个决策者时的指标权重。并且贝叶斯最优最劣法引入一种称为credal排序的决策指标排序方法。credal排序是在置信水平下衡量一组决策者相较一个指标对另一个指标的偏好程度。贝叶斯最优最劣法的具体步骤如下：

（1）专家从建立的指标体系集$C=\{c_1,c_2,\cdots,c_n\}$中选出最优指标$c_B$和最劣指标$c_W$。在这一步专家不需要成对比较指标。最优指标$c_B$指专家认为该指标是综合反映评价对象特点最关键、最理想的指标，最劣指标$c_W$指最不关键、最不理想的指标。

（2）专家将最优指标$c_B$与指标集$C$中其他指标进行成对比较。

在这一步，专家需要将指标的成对比较结果用区间为[1，9]的整数表示。数字1代表两个指标同等重要，数字9代表最优指标$c_B$比指标$c_i$重要很多。两两比较后得出的“Best-to-Others”向量$\boldsymbol{A}_B$为

$$\boldsymbol{A}_B=(a_{B1},a_{B2},\cdots,a_{Bn}) \tag{6-3}$$

式中：$a_{Bi}$表示最优指标$c_B$相对于指标$c_i$的重要程度，$a_{BB}=1$。

（3）专家将指标集$C$中其他指标与最劣指标$c_W$进行成对比较。这一步与第（2）步类似，比较结果也用区间为[1，9]的整数来表示。数字1代表两个指标同等重要，数字9表示指标$c_i$比最劣指标$c_W$重要很多。两两比较后得出的“Other-to-Worst”向量$\boldsymbol{A}_W$为

$$\boldsymbol{A}_{\mathrm{W}}=\left(a_{1\mathrm{W}},a_{2\mathrm{W}},\cdots,a_{n\mathrm{W}}\right) \tag{6-4}$$

式中：$a_{i\mathrm{W}}$表示指标$c_i$相对于最劣指标$c_{\mathrm{W}}$的重要程度，$a_{\mathrm{WW}}=1$。

（4）构建贝叶斯层次模型求解指标的最优权重。假设第$K$个专家（$k=1,\cdots,K$）对指标$c_1,c_2,\cdots,c_n$进行评价，得到向量和$\boldsymbol{A}_w$，此时存在相应的权重$w^k$。因此可以获得$K$个专家的总向量$\boldsymbol{A}_{\mathrm{B}}^{1:K}$和$\boldsymbol{A}_{\mathrm{W}}^{1:K}$。在进行统计推断之前，需要给出随机变量的联合概率分布。有关总权重$w^a$的联合概率分布如下：

$$P\left(w^a,w^{1:K}\mid A_{\mathrm{B}}^{1:K},A_{\mathrm{W}}^{1:K}\right) \tag{6-5}$$

当$w^k$给定时，$\boldsymbol{A}_{\mathrm{W}}^{1:K}$和$\boldsymbol{A}_{\mathrm{B}}^{1:K}$与$w^a$独立，则

$$P\left(\boldsymbol{A}_{\mathrm{W}}^k\mid w^a,w^k\right)=P\left(\boldsymbol{A}_{\mathrm{W}}^k\mid w^k\right) \tag{6-6}$$

$$P\left(\boldsymbol{A}_{\mathrm{B}}^k\mid w^a,w^k\right)=P\left(\boldsymbol{A}_{\mathrm{B}}^k\mid w^k\right) \tag{6-7}$$

考虑到所有不同变量之间的独立性，将贝叶斯规则运用到联合概率分布式（6–5）中可得

$$\begin{aligned}P\left(w^a,w^{1:K}\mid \boldsymbol{A}_{\mathrm{B}}^{1:K},\boldsymbol{A}_{\mathrm{W}}^{1:K}\right)&\propto P\left(\boldsymbol{A}_{\mathrm{B}}^{1:K},\boldsymbol{A}_{\mathrm{W}}^{1:K}\mid w^a,w^{1:K}\right)P\left(w^a,w^{1:K}\right)\\&=P\left(w^a\right)\prod_{k=1}^{K}P\left(\boldsymbol{A}_{\mathrm{W}}^k\mid w^k\right)P\left(\boldsymbol{A}_{\mathrm{B}}^k\mid w^k\right)P\left(w^k\mid w^a\right)\end{aligned} \tag{6-8}$$

因为不同的参数之间存在一个概率链，所以该模型被叫作层次模型。接下来需要对式（6–8）中的每个元素的分布进行建模，$\boldsymbol{A}_{\mathrm{B}}$和$\boldsymbol{A}_{\mathrm{W}}$可以利用多项式分布进行建模，具体如下：

$$\boldsymbol{A}_{\mathrm{B}}^k\mid w^k\sim mutinomial\left(1/w^k\right) \tag{6-9}$$

$$\boldsymbol{A}_{\mathrm{W}}^k\mid w^k\sim mutinomial\left(w^k\right) \tag{6-10}$$

给定$w^a$的$w^k$模型可以用$w^a$的均值和浓度参数重新参数化狄利克雷分布（Dirichlet distribution）来构建，具体表示如下：

$$w^k\mid w^a\sim \mathrm{Dir}\left(\gamma\times w^a\right),\quad \forall k=1,\cdots,K \tag{6-11}$$

式中：$w^a$是分布的均值，$\gamma$是浓度参数。

浓度参数需要使用满足非负性约束的伽马分布进行建模，具体表示如下：

$$\gamma \sim \text{gamma}(a,b) \tag{6-12}$$

式中：$a$、$b$是伽马分布的形状参数。

最后，利用参数$a$=1的无信息狄利克雷分布建立$w^a$的先验分布，具体如下：

$$w^a \sim \text{Dir}(\alpha) \tag{6-13}$$

构建的模型不具有闭合形式的解决方案。因此需要使用马尔科夫链蒙特卡罗技术来计算后验分布，求解出最优权重$w^a$。

（5）基于credal排序对指标进行排序。常规的标准决策排序方法认为一个指标的权重值高于另一个指标的权重值，那么这个指标就比另一个指标更重要。例如有三个指标$c_1$、$c_2$和$c_3$，其权重分别为0.25、0.35、0.4。根据以上准则，则$c_3$优于$c_1$和$c_2$。然而仅仅比较数值的大小并不能确定优先级的可信度，尤其是权重是由多个决策者偏好决定的时候。因此，引入基于狄利克雷分布的credal排序对指标进行排序。

对指标进行credal排列，对于一对指标$c_i$和$c_j$，credal排列$O$定义如下：

$$O = (c_i, c_j, R, d) \tag{6-14}$$

式中：$R$代表指标$c_i$和$c_j$的关系，即大于、小于或等于；$d$表示关系$R$的置信度，$d \in [0,1]$。

对于一个指标集$C = (c_1, c_2, \cdots, c_n)$而言，credal排序是包含所有指标对$(c_i, c_j)$的credal排列的集合，其中$c_i, c_j \in C$。

指标$c_i$优先于指标$c_j$的置信度计算如下：

$$P(c_i > c_j) = \int I_{(w_i^a > w_j^a)} P(w^a) \tag{6-15}$$

式中：$P(w^a)$是$w^a$的后验分布，如果$I$下标的条件成立，则$I$=1，否则为0。

式（6–15）的积分可以用通过马尔科夫链蒙特卡罗技术获得的样本来近似计算。对于后验分布的$Q$样本，置信度计算如下：

$$P(c_i > c_j) = \frac{1}{Q}\sum_{q=1}^{Q} I\left(w_i^{a_q} > w_j^{a_q}\right) \tag{6-16}$$

$$P\left(c_j > c_i\right) = \frac{1}{Q}\sum_{q=1}^{Q} I\left(w_j^{a_q} > w_i^{a_q}\right) \tag{6-17}$$

式中：$w^{a_q}$是马尔科夫链蒙特卡罗样本中第$q$个样本的$w^a$。

因此，对于每一对指标，都可以计算出一个指标优于另一个指标的置信度。其中，$P\left(c_j > c_i\right) + P\left(c_j > c_i\right) = 1$。因此传统的排序可以认为是阈值取0.5的credal排序。

## 6.2.2 模糊累积前景法

本节将模糊理论和累积前景理论结合，构建针对不同应用场景的储能电站投资评价模型。

### 1. 模糊累积前景理论

首先，运用模糊理论确定指标的三角模糊数值。客观指标的三角模糊数值由区间数据和实数数据确定。主观指标的三角模糊数值根据专家的判断决定。

（1）三角模糊数。三角模糊数是为了解决不确定环境下的问题提出的一种限制性模糊数据序列。三角模糊数广泛应用于风险管理、多维决策等领域的研究，用于进行模糊比较判断。在评价过程中，为了充分保留指标数据和专家判断的完整信息，本节将客观指标的区间数据和实数数据转化为三角模糊数，并利用三角模糊数代表专家判断下的主观指标的性能值。三角模糊数的基本表达形式、三角模糊数的解模糊方法和三角模糊数的距离计算方法如下。

三角模糊数写作$Z = (l, m, u)$，其隶属度函数$\mu_Z(x)$的表达式如下：

$$\mu_Z(x) = \begin{cases} 0 & x < l \\ \dfrac{x-l}{m-l} & l \leqslant x \leqslant m \\ \dfrac{u-x}{u-m} & m \leqslant x \leqslant u \\ 0 & x > u \end{cases} \tag{6-18}$$

式中：$l$、$m$和$u$均为实数，三者的关系为$l \leqslant m \leqslant u$。$l$和$u$表示$Z$的上界值和下界值，也即指标评估数据的取值范围的上界和下界。$l$和$u$代表了模糊的程度，$u-l$越大，模糊程度越强。$m$是隶属度为1时$Z$的取值。

为了能够对三角模糊数进行比较，需要对三角模糊数进行解模糊化。本节采用梯级平均综合表示法对三角模糊数进行解模糊，计算公式如下：

$$R(Z)=\frac{l+4m+u}{6} \tag{6-19}$$

式中：$R(Z)$是三角模糊数$Z$的梯级平均综合表示值。

假设存在两个三角模糊数$Z_1=(l_1,m_1,u_1)$和$Z_2=(l_2,m_2,u_2)$，那么$Z_1$和$Z_2$之间的欧氏距离计算公式如下：

$$d(Z_1,Z_2)=\left[\frac{(l_1-l_2)^2+(m_1-m_2)^2+(u_1-u_2)^2}{3}\right]^{1/2} \tag{6-20}$$

不同评价对象的主观指标价值通常用评价语言变量来表示。为了能够用三角模糊数表示主观指标评价值，需要将评价语言变量转化为三角模糊数。评价语言变量与三角模糊数的转化规则见表6–3。

**表6–3　评价语言变量与三角模糊数的转化规则**

| 评价语言变量 | 对应的三角模糊数 |
| --- | --- |
| 很差 | （0，0，0.2） |
| 差 | （0，0.2，0.4） |
| 一般 | （0.3，0.5，0.7） |
| 好 | （0.6，0.8，1） |
| 很好 | （0.8，1，1） |

（2）累积前景理论。累积前景理论是前景理论的改进版本，改进后的理论避免了与一阶随机占优的矛盾，使得结果的分布普及化、简洁化。该理论为风险及不确定下的评价和决策提供了一种有效的解决方法。累积前

景理论的前景值$V$的计算步骤如下：

1）确定指标$i$的价值点$U_i$和参考点$U_i^P$

2）确定损益值$x_{ij}$，计算公式如下：

$$x_{ij}=\begin{cases}x_{ij}=d\left(U_i,U_i^P\right) & x_{ij}\geqslant 0\\ x_{ij}=-d\left(U_i,U_i^P\right) & x_{ij}<0\end{cases} \tag{6-21}$$

式中：$i$代表指标编号，$i=1,\cdots,n$；$J$代表评价对象编号，$j=1,\cdots,m$；$x_{ij}\geqslant 0$代表收益值；$x_{ij}<0$代表损失值。

3）确定代表风险需求的价值函数$v\left(x_{ij}\right)$，公式如下：

$$v\left(x_{ij}\right)=\begin{cases}x_{ij}^{\theta} & x_{ij}\geqslant 0\\ -\lambda\left(-x_{ij}\right)^{\beta} & x_{ij}<0\end{cases} \tag{6-22}$$

式中：$\theta$、$\beta$分别表示收益和损失的敏感性递减系数，此处$\theta=\beta=0.88$；$\lambda$是风险规避系数，此处$\lambda=2.25$。

4）确定权重函数$\pi(w)$，与前景理论不同，累积前景理论的权重函数是一个倒S形曲线，其函数表达式如下：

$$\pi(w)=\begin{cases}\dfrac{w_i^{\eta}}{\left(w_i^{\eta}+\left(1-w_i\right)^{\eta}\right)^{1/\eta}} & x_{ij}\geqslant 0\\[2ex] \dfrac{w_i^{\delta}}{\left(w_i^{\delta}+\left(1-w_i\right)^{\delta}\right)^{1/\delta}} & x_{ij}<0\end{cases} \tag{6-23}$$

式中：$\eta$、$\delta$分别是收益和损失的态度参数，此处$\eta=0.61$，$\delta=0.69$。

5）计算评价对象的前景值$V$。计算公式如下：

$$V_j=\sum_{i=1}^{n}\pi\left(w_i\right)v\left(x_{ij}\right) \tag{6-24}$$

### 2.评价模型

本节构建的储能电站投资综合价值评估模型结合了贝叶斯最优最劣法和模糊累积前景法，综合价值评估流程如图6-3所示。

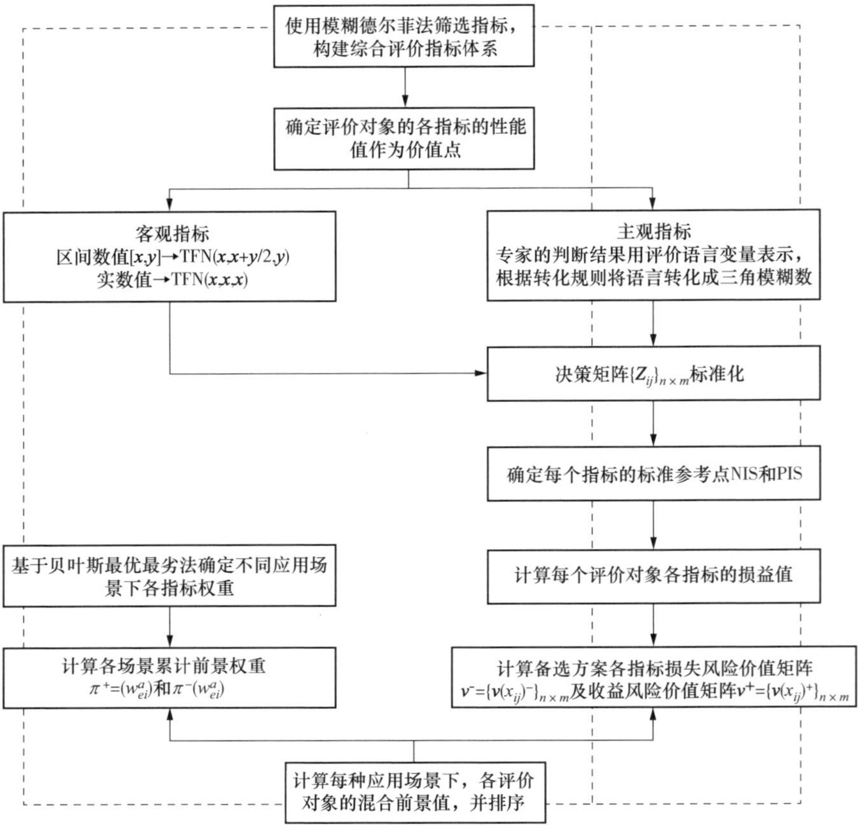


图6-3　综合价值评估流程

综合价值评估步骤如下：

（1）确定评价对象的各指标的性能值作为价值点。本章建立的指标体系中包括主观指标和客观指标两种。专家评价小组需要根据其专业知识和经验来判断主观指标的性能值。评价语言变量比量化表达更加接近人的思维和判断，因此小组中的每位专家用评价语言变量来表达其判断。一般来说，用以度量被评价对象的评价语言变量都具有一定的模糊性。根据表6–3的转化规则，可以将具有模糊性的评价结果转换成三角模糊数，用其表示专家对主观指标的性能值的判断结果。

客观指标的性能值可通过查阅相关报告和文献以及实地调研等方式收

集。客观指标的性能值主要是区间数和实数两种。可以利用区间数的上下界信息，将区间数转化为三角模糊数，通过计算上下界的算术平均值确定区间数的三角模糊数中间值。例如，区间值[10，20]可以转化为三角模糊数（10，15，20）。实数是三角模糊数的一种特殊形式。如果组成三角模糊数的三个实数相等，那么此时的三角模糊数可以写成实数；换言之，实数可以转化成三个相等实数组成的三角模糊数。例如，实数10可以转化成三角模糊数（10，10，10）。经过转换，建立的决策矩阵$\left\{\boldsymbol{Z}_{ij}\right\}_{n\times m}$最大限度地保留了原数据的信息。

（2）决策矩阵标准化。为了使评价结果具有可比性，消除不同数据维度和度量单位对评价结果的影响，需要将决策矩阵$\left\{\boldsymbol{Z}_{ij}\right\}_{n\times m}$标准化为$\left\{\tilde{\boldsymbol{Z}}_{ij}\right\}_{n\times m}$。因为构建的指标体系中包含了极小型（越小越好）指标和极大型（越大越好）指标，可基于式（6–25）和式（6–26）将原始三角模糊数标准化。

对于极小型指标，其三角模糊数标准化公式如下：

$$\begin{aligned}\tilde{\boldsymbol{Z}}_{ij}&=\left(\tilde{l}_{ij},\tilde{m}_{ij},\tilde{u}_{ij}\right)=\left(\frac{\min\left\{\boldsymbol{Z}_{ij}\right\}}{\boldsymbol{Z}_{ij}}\right)\\&=\left[\frac{\min_j\left\{l_{ij},m_{ij},u_{ij}\right\}}{u_{ij}},\frac{\min_j\left\{l_{ij},m_{ij},u_{ij}\right\}}{m_{ij}},\frac{\min_j\left\{l_{ij},m_{ij},u_{ij}\right\}}{l_{ij}}\right]\end{aligned}\tag{6–25}$$

对于极大型指标，其三角模糊数标准化公式如下：

$$\begin{aligned}&\tilde{\boldsymbol{Z}}_{ij}=\left(\tilde{l}_{ij},\tilde{m}_{ij},\tilde{u}_{ij}\right)=\left(\frac{\boldsymbol{Z}_{ij}}{\max_j\left\{\boldsymbol{Z}_{ij}\right\}}\right)=\\&\left[\frac{l_{ij}}{\max_j\left\{l_{ij},m_{ij},u_{ij}\right\}},\frac{m_{ij}}{\max_j\left\{l_{ij},m_{ij},u_{ij}\right\}},\frac{u_{ij}}{\max_j\left\{l_{ij},m_{ij},u_{ij}\right\}}\right]\end{aligned}\tag{6–26}$$

（3）确定每个指标的标准参考点。基于累计前景法中的式（6–21），需要确定参考点来计算每个评价对象指标的损益值。借鉴TOPSIS法，以负理想解（negative ideal solution，NIS）和正理想解（positive ideal solution，PIS）作为参考点。当以NIS为参考点时，决策者是风险规避者，此时将获得收益；当以PIS为参考点时，决策者是风险偏好者，此时将面临损失。

为了在标准化的三角模糊数决策矩阵$\left\{\tilde{\boldsymbol{Z}}_{ij}\right\}_{n\times m}$中确定NIS和PIS，首先，需要使用式（6–19）对$\left\{\tilde{\boldsymbol{Z}}_{ij}\right\}_{n\times m}$进行去模糊化。然后，根据每个指标将所有评价对象的三角模糊数的解模糊值进行排序。$\tilde{P}^{+}$代表PIS参考点集合，包含了所有指标解模糊值最大值对应的三角模糊数；$\tilde{N}^{-}$代表NIS参考点集合，包含了所有指标解模糊值最小值对应的三角模糊数。最后，得到每个指标的PIS参考点集合$\tilde{P}^{+}=\left\{\tilde{P}_1^{+},\tilde{P}_2^{+},\cdots,\tilde{P}_n^{+}\right\}$和NIS参考点集合$\tilde{N}^{-}=\left\{\tilde{N}_1^{-},\tilde{N}_2^{-},\cdots,\tilde{N}_n^{-}\right\}$。

（4）计算每个评价对象各指标的损益值。每个评价对象各指标的损益值通过对应的标准化三角模糊数与NIS参考点和PIS参考点之间的距离确定。其中，损失值通过计算$\tilde{Z}_{ij}$与$\tilde{P}_i^{+}$的距离确定，收益值通过计算$\tilde{Z}_{ij}$与$\tilde{N}_i^{-}$的距离确定，具体计算方法参考式（6–20）。

（5）计算每个评价对象各指标的风险需求价值。基于得到指标的损益值，利用式（6–22）计算各指标的风险需求的价值，可以得到代表损失的风险需求价值矩阵$\boldsymbol{v}^{-}=\left\{v\left(x_{ij}\right)^{-}\right\}_{n\times m}$和代表收益的风险需求价值矩阵$\boldsymbol{v}^{+}=\left\{v\left(x_{ij}\right)^{+}\right\}_{n\times m}$。

（6）确定不同应用场景下指标的权重。本节使用贝叶斯最优最劣法分别确定储能技术三种应用场景下各指标的权重$w_{ei}^{a}$，其中$e$表示应用场景编号，$e=1,2,3$。

（7）计算累计前景权重。基于贝叶斯最优最劣法确定的三种应用场景下各指标的权重$w_{ei}^{a}$，利用式（6–23）计算累计前景权重$\pi^{+}\left(w_{ei}^{a}\right)$和$\pi^{-}\left(w_{ei}^{a}\right)$。

（8）计算每种应用场景下，各评价对象的混合前景值并排序。基于式（6–24）可以计算得到在每种应用场景下评价对象的混合前景值$V_{ej}$。最后，根据每种场景下混合前景值的大小，对评价对象进行排序。混合前景值的计算公式如下：

$$V_{ej}=\sum_{i=1}^{n}\pi^{+}\left(w_{ei}^{a}\right)v_{ij}^{+}+\sum_{i=1}^{n}\pi^{-}\left(w_{ei}^{a}\right)v_{ij}^{-} \tag{6–27}$$

### 6.2.3 实例分析

本节选取六种储能电站——抽水蓄能、压缩空气储能、飞轮储能、锂离子电池、钠硫电池和钒液流电池，以及三种典型应用场景——电源侧（场景1）、电网侧（场景2）和用户侧（场景3）开展储能电站投资综合价值评估实证分析。

**1.计算标准化决策矩阵**

（1）主观指标。以安全性指标为例，5位专家利用评价语言变量对6个评价对象的安全性进行判断，专家对评价对象安全性的判断结果见表6-4。然后根据表6-3的转换规则，将专家的判断结果转化为三角模糊数，经过平均化处理，得到相应评价对象的安全性指标性能值。

**表6-4　专家对评价对象安全性的判断结果**

| 评价对象 | 专家1 | 专家2 | 专家3 | 专家4 | 专家5 |
|---|---|---|---|---|---|
| 抽水蓄能 | 好 | 很好 | 很好 | 好 | 很好 |
| 压缩空气储能 | 差 | 一般 | 差 | 一般 | 差 |
| 飞轮储能 | 差 | 一般 | 一般 | 一般 | 一般 |
| 锂离子电池 | 好 | 很好 | 好 | 很好 | 好 |
| 钠硫电池 | 一般 | 好 | 一般 | 好 | 好 |
| 钒液流电池 | 很好 | 很好 | 好 | 好 | 好 |

（2）客观指标。通过储能电站相关的报告和研究中收集的相关数据，计算客观指标值。然后根据转换规则，将定量指标的原始区间数和实数转换为三角模糊数。最后，根据式（6-25）和式（6-26）对指标的三角模糊数进行标准化处理，得到标准化决策矩阵$\left\{\tilde{Z}_{ij}\right\}_{n\times m}$。评价对象各指标的标准化三角模糊数性能值见表6-5。

表6-5　评价对象各指标的标准化三角模糊数性能值

| 指标 | 抽水蓄能 | 压缩空气储能 | 飞轮储能 | 锂离子电池 | 钠硫电池 | 钒液流电池 |
|---|---|---|---|---|---|---|
| C11 | （0.25，0.63，1） | （0.10，0.20，0.30） | （0.01，0.02，0.02） | （0.03,0.08,0.10） | （0.07,0.10,0.15） | （0.03,0.15,0.24） |
| C12 | （0.20,0.22,0.24） | （0.19,0.22,0.23） | （0.83,0.87,1） | （0.02,0.02,0.02） | （0.02,0.02,0.03） | （0.05,0.06,0.06） |
| C13 | （0.60,0.70,0.80） | （0.70,0.75,0.80） | （0.85,0.90,0.92） | （0.80,0.85,0.90） | （0.75,0.78,0.80） | （0.80,0.90,1） |
| C14 | （0.01,0.01,0.02） | （0.01,0.02,0.03） | （0.10,0.25,0.40） | （0.03,0.20,1） | （0.01,0.01,0.02） | （0.01,0.02,0.03） |
| C15 | （0.72,0.92,1） | （0.12,0.32,0.52） | （0.24,0.44,0.64） | （0.68,0.88,1） | （0.48,0.68,0.88） | （0.68,0.88,1） |
| C21 | （1,1,1） | （0.80,0.80,0.80） | （0.12,0.12,0.16） | （0.53,0.54,0.61） | （0.48,0.50,0.53） | （0.24,0.25,0.27） |
| C22 | （0.50,0.50,0.50） | （1,1,1） | （0.01,0.01,0.02） | （0.17,0.20,0.25） | （0.13,0.14,0.17） | （0.05,0.05,0.06） |
| C31 | （0.79,0.84,0.91） | （0.59,0.65,0.69） | （0.84,0.88,0.91） | （0.89,0.95,1） | （0.79,0.83,0.89） | （0.67,0.72,0.78） |
| C32 | （0.07,0.11,0.21） | （0.10,0.13,0.19） | （0.04,0.07,0.12） | （0.34,0.46,0.59） | （0.37,0.51,1） | （0.17,0.18,0.18） |
| C41 | （0.13,0.15,0.19） | （0.14,0.17,0.22） | （0.08,0.12,0.16） | （0.10,0.14,0.26） | （0.10,0.13,0.17） | （0.19,0.20,1） |

## 2.综合价值评估结果

根据得到的评价对象的三角模糊数性能值，结合构建的储能电站投资综合价值评估模型，对三种应用场景下6类储能电站进行排序。

（1）确定指标的NIS和PIS参考点。因为所有偏好值是三角模糊数，需要利用式（6–19）先将其解模糊，再确定各指标的NIS和PIS参考点。确定的NIS和PIS参考点如下：

$$\begin{aligned}\boldsymbol{NIS}=\tilde{\boldsymbol{N}}^{-}&=\left\{\tilde{N}_1^-,\tilde{N}_2^-,\cdots,\tilde{N}_n^-\right\}=\left\{\min_{1\leqslant j\leqslant m}\left(\tilde{Z}_{1j}\right),\min_{1\leqslant j\leqslant m}\left(\tilde{Z}_{2j}\right),\cdots,\min_{1\leqslant j\leqslant m}\left(\tilde{z}_{nj}\right)\right\}\\&=\{(0.01,0.02,0.02),(0.02,0.02,0.02),(0.60,0.70,0.80),(0.01,0.01,0.02),(0.12,0.32,0.52),\\&\quad(0.12,0.12,0.16),(0.01,0.01,0.02),(0.59,0.65,0.69),(0.04,0.07,0.12),(0.08,0.12,0.16)\}\end{aligned} \tag{6–28}$$

$$\begin{aligned}\boldsymbol{PIS}=\tilde{\boldsymbol{P}}^{+}&=\left\{\tilde{P}_1^+,\tilde{P}_2^+,\cdots,\tilde{P}_n^+\right\}=\left\{\max_{1\leqslant j\leqslant m}\left(\tilde{Z}_{1j}\right),\max_{1\leqslant j\leqslant m}\left(\tilde{Z}_{2j}\right),\cdots,\max_{1\leqslant j\leqslant m}\left(\tilde{Z}_{nj}\right)\right\}\\&=\{(0.25,0.63,1),(0.83,0.87,1),(0.80,0.90,1),(0.03,0.20,1),(0.72,0.92,1),\\&\quad(1,1,1),(1,1,1),(0.89,0.95,1),(0.37,0.51,1),(0.19,0.20,1)\}\end{aligned} \tag{6–29}$$

（2）计算每个评价对象指标的损益值。损失值通过计算每个评价对象各指标的标准化三角模糊数与PIS参考点的距离得到。收益值通过计算每个评价对象各指标的标准化三角模糊数与NIS参考点的距离得到。距离计算参考式（6–20）。损失值$\left\{\boldsymbol{d}\left(\tilde{P}^+,\tilde{z}_{ij}\right)\right\}$和收益值$\left\{\boldsymbol{d}\left(\tilde{Z}_{ij},\tilde{N}^-\right)\right\}$计算结果如下：

$$\left\{\boldsymbol{d}\left(\tilde{P}^+,\tilde{z}_{ij}\right)\right\}=\begin{Bmatrix}0&0.68&0.20&0.58&0&0&0.50&0.10&0.54&0.47\\0.48&0.69&0.16&0.57&0.56&0.20&0&0.30&0.54&0.45\\0.68&0&0.05&0.35&0.44&0.87&0.99&0.07&0.60&0.49\\0.62&0.88&0.06&0&0.03&0.44&0.80&0&0.24&0.43\\0.59&0.88&0.14&0.58&0.21&0.49&0.86&0.11&0&0.48\\0.53&0.84&0&0.57&0.03&0.75&0.95&0.22&0.52&0\end{Bmatrix}$$

$$\left\{\boldsymbol{d}\left(\tilde{Z}_{ij},\tilde{N}^-\right)\right\}=\begin{Bmatrix}0.68&0.20&0&0&0.56&0.87&0.49&0.21&0.06&0.04\\0.20&0.20&0.06&0.01&0&0.67&0.99&0&0.06&0.06\\0&0.88&0.20&0.27&0.12&0&0&0.23&0&0\\0.06&0&0.16&0.58&0.53&0.43&0.19&0.30&0.39&0.06\\0.10&0.01&0.10&0.01&0.36&0.37&0.13&0.19&0.60&0.01\\0.15&0.04&0.20&0.01&0.53&0.12&0.04&0.08&0.10&0.49\end{Bmatrix}$$

（3）计算风险需求价值。基于已经得到的损失值和收益值，将其代入式（6–22）计算风险需求价值。代表损失的风险需求价值矩阵$\boldsymbol{v}^-$和代表收益的风险需求价值矩阵$\boldsymbol{v}^+$如下：

$$\boldsymbol{v}^- = -\begin{bmatrix} 0 & 1.18 & 1.60 & 1.48 & 1.41 & 1.29 \\ 1.61 & 1.62 & 0 & 2.02 & 2.01 & 1.94 \\ 0.55 & 0.44 & 0.17 & 0.20 & 0.39 & 0 \\ 1.39 & 1.38 & 0.89 & 0 & 1.39 & 1.38 \\ 0 & 1.36 & 1.10 & 0.11 & 0.56 & 0.11 \\ 0 & 0.55 & 1.98 & 1.09 & 1.21 & 1.74 \\ 1.22 & 0 & 2.22 & 1.84 & 1.96 & 2.15 \\ 0.29 & 0.78 & 0.22 & 0 & 0.32 & 0.60 \\ 1.31 & 1.31 & 1.43 & 0.64 & 0 & 1.27 \\ 1.16 & 1.12 & 1.20 & 1.07 & 1.19 & 0 \end{bmatrix}$$

$$\boldsymbol{v}^+ = \begin{bmatrix} 0.71 & 0.24 & 0 & 0.08 & 0.13 & 0.19 \\ 0.24 & 0.24 & 0.90 & 0 & 0.01 & 0.06 \\ 0 & 0.09 & 0.24 & 0.19 & 0.13 & 0.24 \\ 0 & 0.01 & 0.31 & 0.62 & 0.01 & 0.01 \\ 0.60 & 0 & 0.15 & 0.58 & 0.41 & 0.58 \\ 0.88 & 0.70 & 0 & 0.47 & 0.42 & 0.15 \\ 0.53 & 0.99 & 0 & 0.24 & 0.17 & 0.06 \\ 0.25 & 0 & 0.28 & 0.35 & 0.24 & 0.11 \\ 0.08 & 0.09 & 0 & 0.44 & 0.64 & 0.14 \\ 0.06 & 0.08 & 0 & 0.08 & 0.02 & 0.54 \end{bmatrix}$$

（4）确定指标权重。根据贝叶斯最优最劣法确定指标权重。首先，需要专家判断储能在三种应用场景下的最优指标$c_{\mathrm{B}}$和最劣指标$c_{\mathrm{W}}$。专家对三个应用场景下最优和最劣指标判断结果见表6–6。

**表6–6 专家对三个应用场景下最优和最劣指标判断结果**

| 应用场景 | 专家1 | | 专家2 | | 专家3 | | 专家4 | | 专家5 | |
|---|---|---|---|---|---|---|---|---|---|---|
| | $c_{\mathrm{B}}$ | $c_{\mathrm{W}}$ | $c_{\mathrm{B}}$ | $c_{\mathrm{W}}$ | $c_{\mathrm{B}}$ | $c_{\mathrm{W}}$ | $c_{\mathrm{B}}$ | $c_{\mathrm{W}}$ | $c_{\mathrm{B}}$ | $c_{\mathrm{W}}$ |
| 电源侧 | C11 | C13 | C15 | C14 | C31 | C13 | C21 | C14 | C11 | C14 |

续表

| 应用场景 | 专家1 | | 专家2 | | 专家3 | | 专家4 | | 专家5 | |
|---|---|---|---|---|---|---|---|---|---|---|
| | $c_B$ | $c_W$ | $c_B$ | $c_W$ | $c_B$ | $c_W$ | $c_B$ | $c_W$ | $c_B$ | $c_W$ |
| 电网侧 | C12 | C13 | C15 | C41 | C31 | C13 | C21 | C41 | C11 | C32 |
| 用户侧 | C14 | C11 | C15 | C32 | C12 | C11 | C21 | C11 | C14 | C32 |

然后，专家需要在[1，9]的范围内判断最优指标$c_B$对其他指标$c_i$的显著性程度和其他指标$c_i$对最劣指标$c_W$的显著性程度。每个场景下会得到最优指标和最劣指标两个比较结果，专家对3个场景下的指标全部判断完成后，会得到3个最优指标判断结果和3个最劣指标判断结果。以应用场景1为例，专家判断结果见表6-7和表6-8。

**表6-7　场景1最优指标比较结果**

| $c_B$ | 专家1 | 专家2 | 专家3 | 专家4 | 专家5 |
|---|---|---|---|---|---|
| | C11 | C15 | C31 | C21 | C11 |
| C11 | 1 | 2 | 3 | 2 | 1 |
| C12 | 5 | 6 | 7 | 8 | 5 |
| C13 | 8 | 5 | 8 | 4 | 4 |
| C14 | 3 | 9 | 5 | 9 | 8 |
| C15 | 2 | 1 | 4 | 6 | 3 |
| C21 | 4 | 4 | 5 | 1 | 6 |
| C22 | 2 | 5 | 4 | 5 | 3 |
| C31 | 3 | 3 | 1 | 3 | 2 |
| C32 | 6 | 8 | 3 | 5 | 7 |
| C41 | 7 | 6 | 4 | 5 | 6 |

表6-8　场景1最劣指标比较结果

| $c_W$ | 专家1 | 专家2 | 专家3 | 专家4 | 专家5 |
|---|---|---|---|---|---|
| | C13 | C14 | C13 | C14 | C14 |
| C11 | 8 | 8 | 6 | 8 | 8 |
| C12 | 4 | 4 | 2 | 2 | 4 |
| C13 | 1 | 5 | 1 | 6 | 5 |
| C14 | 6 | 1 | 4 | 1 | 1 |
| C15 | 7 | 8 | 5 | 4 | 6 |
| C21 | 5 | 6 | 4 | 9 | 3 |
| C22 | 7 | 5 | 5 | 5 | 6 |
| C31 | 6 | 7 | 8 | 7 | 7 |
| C32 | 3 | 2 | 6 | 5 | 2 |
| C41 | 2 | 4 | 5 | 4 | 3 |

将每个场景下的比较结果矩阵代入贝叶斯层次模型求解得到各指标的最优权重，各场景最优权重见表6-9，并基于credal排序对指标进行排序。

表6-9　各场景最优权重

| 应用场景 | C11 | C12 | C13 | C14 | C15 | C21 | C22 | C31 | C32 | C41 |
|---|---|---|---|---|---|---|---|---|---|---|
| 电源侧 | 0.167 | 0.067 | 0.071 | 0.059 | 0.125 | 0.104 | 0.112 | 0.149 | 0.072 | 0.074 |
| 电网侧 | 0.148 | 0.156 | 0.047 | 0.078 | 0.125 | 0.114 | 0.096 | 0.109 | 0.065 | 0.063 |
| 用户侧 | 0.045 | 0.088 | 0.161 | 0.173 | 0.114 | 0.077 | 0.088 | 0.126 | 0.051 | 0.077 |

场景1中储能容量指标最重要，其重要性大于排名第2的能量效率指标的置信度为0.69，显著性是可以接受的，这说明专家们认为在场景1中储能的能量效率表现也十分重要。场景1中反应速度和循环次数是相对不重要的指标。场景2中，循环次数是最优指标，略优于排名第二的储能容量指标，放电深度和$CO_2$强度是相对不重要的指标。场景3中，反应速度是最优指标，略优于排名第二的放电深度指标，储能容量和能源强度是相对不重要的指标。

（5）计算累计前景权重。根据贝叶斯最优最劣法得到指标权重，通过式（6-23）计算累计前景权重，结果如下：

$$\pi^{-}\left(w_{ei}^{a}\right)=\left\{\begin{matrix} 0.2315 & 0.1331 & 0.1380 & 0.1229 & 0.1944 & 0.1747 & 0.1819 & 0.2167 & 0.1390 & 0.1413 \\ 0.2146 & 0.2220 & 0.1078 & 0.1462 & 0.1946 & 0.1840 & 0.1658 & 0.1791 & 0.1308 & 0.1280 \\ 0.1041 & 0.1580 & 0.2258 & 0.2356 & 0.1843 & 0.1451 & 0.1580 & 0.1951 & 0.1129 & 0.1455 \end{matrix}\right\}$$

$$\pi^{+}\left(w_{ei}^{a}\right)=\left\{\begin{matrix} 0.2395 & 0.1524 & 0.1570 & 0.1427 & 0.2077 & 0.1904 & 0.1968 & 0.2269 & 0.1579 & 0.1601 \\ 0.2251 & 0.2314 & 0.1281 & 0.1646 & 0.2078 & 0.1985 & 0.1824 & 0.1942 & 0.1502 & 0.1476 \\ 0.1244 & 0.1753 & 0.2346 & 0.2429 & 0.1989 & 0.1635 & 0.1753 & 0.2083 & 0.1331 & 0.1639 \end{matrix}\right\}$$

（6）计算每种应用场景下，各评价对象的混合前景值。根据计算得到的风险需求价值和累计前景权重，通过式（6-27）计算出各评价对象的混合前景值。三种应用场景下不同储能电站的混合前景值及排名见表6-10。

**表6-10　三种应用场景下不同储能电站的混合前景值及排名**

| 应用场景 | | 抽水蓄能 | 压缩空气储能 | 飞轮储能 | 锂离子电池 | 钠硫电池 | 钒液流电池 |
|---|---|---|---|---|---|---|---|
| 场景1 | 混合前景值 | −0.4075 | −1.1235 | −1.5736 | −0.8686 | −1.3227 | −1.3640 |
| | 排名 | 1 | 3 | 6 | 2 | 4 | 5 |

续表

| 应用场景 | | 抽水蓄能 | 压缩空气储能 | 飞轮储能 | 锂离子电池 | 钠硫电池 | 钒液流电池 |
|---|---|---|---|---|---|---|---|
| 场景2 | 混合前景值 | −0.5104 | −1.2138 | −1.4466 | −0.9865 | −1.4658 | −1.5107 |
| | 排名 | 1 | 3 | 4 | 2 | 5 | 6 |
| 场景3 | 混合前景值 | −0.7104 | −1.1869 | −1.2609 | −0.6312 | −1.3358 | −1.2662 |
| | 排名 | 2 | 3 | 4 | 1 | 6 | 5 |

在场景1中，抽水蓄能性能最好，是电源侧应用场景的最优选择，其次是锂离子电池、压缩空气储能和钠硫电池。场景2中，抽水蓄能性能最好，其次是锂离子电池和压缩空气储能。情景3中，锂离子电池性能最好，其次是抽水蓄能、压缩空气储能和飞轮储能。

### 3.评价结果分析

评价结果表明，抽水蓄能是场景1和场景2的最优选择，锂离子电池储能是场景3的最优选择。抽水蓄能、锂离子电池和压缩空气储能在三个场景下排名前3，均优于其他3种储能技术。接下来，结合储能技术的指标得分和各场景的指标权重对三种场景下的排名进行深入分析。

在场景1中，抽水蓄能是电源侧储能应用的最优选择。此时，专家们认为储能容量、能源效率、安全性、运维成本和资本强度指标的重要性优于其他指标。通过比较场景1的混合前景值结果可知，抽水蓄能在这5个指标的综合表现远优于其他储能电站。锂离子电池排名第二，在抽水蓄能建设环境受限的情况下可作为备用选择。排名在锂离子电池之后的是压缩空气储能、钠硫电池和钒液流电池，最后是飞轮储能。

在场景2中，抽水蓄能是电网侧储能应用的最优选择。该场景下，通过储能系统投建运行，实现提高电网设备性能、延长现有电网设备的使用寿命，延缓对新电网设备的扩容投资。该场景下，循环次数、储能容量、安全性、资本强度和能源效率指标权重占比较高。这说明在电网侧应用场景下，储能设备需要具有寿命长、容量大、成本低、安全和效率高等特性。排名第二的是锂离子电池，其次是压缩空气储能。最后是飞轮储能、钠硫电池和钒液流电池，三者得分十分接近。

在场景3中，反应速度、放电深度、能源效率、安全性和循环次数指标权重占比较高。此时锂离子电池储能综合性能较好，反应速度快的优势使其成为该场景的最优选择。排名第二的是抽水蓄能，其次是压缩空气储能、飞轮储能、钒液流电池和钠硫电池。

综上所述，由于三种场景下储能容量、循环次数、安全性、资本强度和运维成本指标总占比权重较大，造成了抽水蓄能和压缩空气储能在各场景的得分很高，排名靠前。锂离子电池虽然循环次数、资本强度和运维成本指标表现不佳，但是其综合性能较好，拥有良好的反应速度和能源效率，在各场景中排名也十分靠前；并且在场景3中超过了技术成熟的抽水蓄能，成为最优选择。

目前，专家更关注技术性和经济性指标，这主要是因为在实际应用中，储能作为灵活性资源，需要能够应对可再生能源和负荷的波动性影响，并且以低成本保证电力系统的安全稳定运行。因此，入选专家强调了技术性和经济性指标，忽略了效率性和环境性指标。随着世界对化石资源枯竭和环境污染问题的重视，会带来管理者和投资者对储能系统效率性和环境性指标的关注。随着技术的成熟、成本的下降，在效率性和环境性表现更好的锂离子电池、钠硫电池和钒液流电池，会在实际应用场景中有更好的表现。

# 6.3 储能电站投资综合价值共享机制

## 6.3.1 主体利益关系分析

发电厂商、储能投运商和电网公司之间的效益相互关联，相互合作可以形成多赢局面，发电厂商－储能投运商－电网公司的利益关系如图6-4所示。

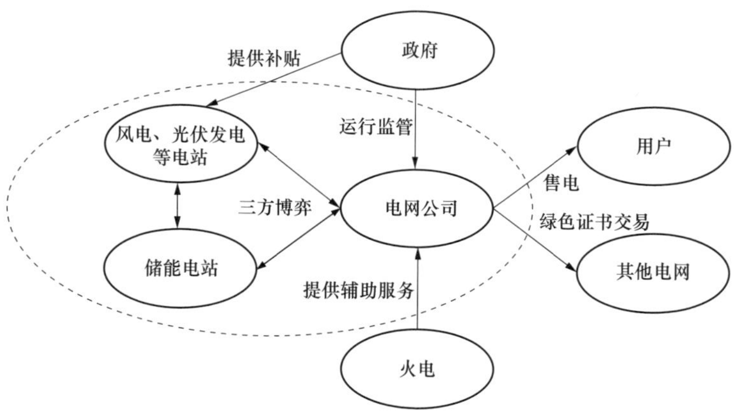


图6-4　发电厂商－储能投运商－电网公司的利益关系

对于发电厂商而言，其决策变量是并网容量的大小，该变量会影响电网公司绿色证书交易收益与储能投运商的调峰、备用收益；对于电网公司而言，其决策变量是网架容量，该变量决定了电网公司的投资额，但无法保证风电、光伏发电等清洁能源的消纳；对于储能投运商而言，其决策变量是并网容量，该变量影响上网电量与电网售电、证书交易收益。

从图6-4可以看出，这三者参与方中，任意一方的决策均会影响其他两方。此外，他们的合作还会带来额外收益。一旦所有参与方都参与合作，则他们可以被视为多个利益相关者。因此，协调他们之间的利益是必要的。效益最大化是发电厂商、储能投运商和电网公司三类主体策略选取的依据和准则。三者之间能否建立互信关系，取决于多主体博弈策略的选择。由于这三类主体的决策环境、决策次序以及决策目标均有所不同，使得多主体博弈策略的选择具有现实意义。

## 6.3.2 改进Shapley价值共享机制

### 1.传统Shapley值分配法

如果有多个追求不同目标的决策者参与同一个决策场景，那么这个决策场景就称作博弈。博弈包含非合作博弈和合作博弈两大类，其中，相关博弈者形成有约束力的合作契约，组成联盟的博弈为合作博弈。储能在运行时，实际上拥有系统的完全信息，整个电力系统中的相关主体可看作形成了合作联盟，因此本节研究的新型电力系统中储能综合效益的分配问题属于合作博弈利益分配问题。

基于合作博弈的价值分配方法有核仁分配法、核心分配法、谈判集分配法、稳定集分配法和Shapley值分配法等。Shapley值分配法的原理是依据联盟中各成员对联盟的边际贡献进行利益分配，这种方式过程清晰，并且能够保证收益分配的公平性，因此本节以Shapley值分配方法为基本方法，对储能效益分配机制进行设计。

组成合作博弈问题的基本要素包括决策者和特征函数，其数学表达为$(N,v)$，其中$N=\{1,2,3,\cdots,n\}$表示决策者集合，并且$N$是正整数，$n$是参与决策的决策者个数，$v$表示此联盟的特征函数。用$S$代表决策者之间组成的联盟，且$S \subseteq N$，定义$s$是联盟$S$中决策者的数量。$v_s$代表决策者在联盟$S$中协作时得到的价值收益。Shapley值分配法涉及的相关定义如下：

（1）特征函数。假设由集合$N$中任意决策者组成联盟$A$，并满足$A \subseteq N$。联盟$A$中的决策者共同协作实现联盟收益的最大化。用$v$来代表联盟$A$获得的价值收益。此时，将特征函数定义为表示联盟共同收益的函数，即$v_s$是联盟$S$的特征函数，并且当$A$=$S$时，$v$等同于$v_s$。

（2）边际贡献。在联盟$S$中，决策者$i$的边际贡献计算公式如下：

$$r_i = v_s - v_{s/i} \tag{6-30}$$

式中：$r_i$表示在联盟$S$中，决策者$i$的边际贡献值；$v_{s/i}$代表不包含决策者$i$的其余$(s-1)$个决策者组成联盟时的收益。

（3）收益价值分配。在支付可转移合作博弈$(N,v)$情景中，可用支付向量$(x_1,\cdots,x_i,\cdots,x_n)$来表示在该联盟下，相关决策者收益价值的分配策略。其中$x_i$代表分配给第$i$个决策者的收益价值。

（4）个体理性。在支付可转移合作博弈$(N,v)$情景中，只有当满足每个参与联盟的决策者分得的收益价值均不小于独立决策的收益价值这一条件时，分配策略$(x_1,\cdots,x_i,\cdots,x_n)$才能够满足个体理性，其数学表达式如下：

$$x_i \geqslant v_i \tag{6-31}$$

（5）整体理性。在支付可转移合作博弈$(N,v)$情景中的另一个约束是整体理性，需要所有参与联盟的决策者收益价值总和与联盟的总收益价值相等，其数学表达式如下：

$$\sum_{i=1}^{n} x_i = v_N \tag{6-32}$$

式中：$v_N$代表联盟$N$的总收益价值。

在上述定义和假设的基础上，传统Shapley值分配法构造如下：

假设$N$是合作博弈下参与决策的决策者集合，$S$表示$N$的一个合作联盟，$s$表示联盟$S$下决策者的数量，所有决策者按照随机次序组成联盟，形成每种联盟的概率是$p$，此时$p$的计算公式如下：

$$p=\frac{1}{n!} \tag{6-33}$$

式中：$n$代表参与联盟的决策者总数。

决策者$i$与其他$(s-1)$个决策者组成联盟$S$，此时共有$(s-1)!(n-s)!$种组合方式。那么，含有决策者$i$的联盟$S$出现的概率设为$\varphi(s_i)$，其计算公式如下：

$$\varphi(s_i)=p(s-1)!(n-s)!=\frac{(s-1)!(n-s)!}{n!} \tag{6-34}$$

在组成的联盟$S$中，决策者$i$的边际贡献为$r_i$，其利用式（6-30）计算。Shapley值分配法是参与合作博弈的决策者在联盟中所做贡献的期望值，其计算公式如下：

$$\omega_i(N,v)=\sum\frac{(s-1)!(n-s)!}{n!}(v_s-v_{s/i}) \tag{6-35}$$

式中：$\omega_i(N,v)$为决策者$i$分配到的利益价值。

### 2.改进Shapley值分配法

传统Shapley值分配法并未将分配利益的相关主体在组成联盟的实际博弈过程中承担的外部因素纳入考虑。所以，在储能电站价值共享机制的设计过程中，应综合衡量多种外部因素影响，将环保性和风险性纳入对效益分配的考量，对Shapley值分配法进行改进，以提高在新型电力系统中储能电站效益分配的合理性，进而保障储能产业健康持续的发展。

（1）环保性。假设有$n$个储能电站价值分配的相关利益主体，其中利益主体$i$对环保性的贡献度为$W_i$。衡量不同利益主体对环保性因素的贡献度的主要衡量指标是相关主体的环保投入成本。但是具体的环保效果还与资源的利用效果和利益主体的自身属性相关，例如火电机组的环保效果不仅与其环保设备的投入成本相关，还与其燃料质量和运行状态等其他因素相关，因此环保性贡献度需要根据不同主体的实际情况进行计算，其计算公式如下：

$$W_i=p_ie_i \tag{6-36}$$

式中：$p_i$为利益主体$i$的相对环保投入；$e_i$为利益主体$i$的环保贡献度系数。

环保性贡献度修正值可将每个利益主体$i$的环保贡献度占比与平均水平进行对比，计算公式如下：

$$\beta_i = W_{\text{env}}\left(\frac{p_i e_i}{\sum_{i=1}^{i=n} p_i e_i} - \frac{1}{n}\right) \tag{6-37}$$

式中：$\beta_i$为利益主体$i$的环保性修正值；$W_{\text{env}}$为储能电站的环境价值。

由式（6-37）可知，当$\frac{p_i e_i}{\sum_{i=1}^{i=n} p_i e_i} > \frac{1}{n}$时，环保性修正值为正，此时利益主体$i$会因其良好的环保性贡献度获得额外的分配利益价值$|\beta_i|$；当$\frac{p_i e_i}{\sum_{i=1}^{i=n} p_i e_i} < \frac{1}{n}$时，环保性修正值为负，此时利益主体$i$会因其不突出的环保性贡献度减少额外的分配利益价值$|\beta_i|$。

（2）风险性。风险因素对利益分配过程的影响，是对不同利益主体在实现联盟收益最大化过程中，所承担的经营、市场、政策等风险的经济补偿。在最终的利益分配阶段能够体现相关利益主体在合作中面临的风险损失，对其进行相应的分配修正，可以更好地体现收益分配的公平性，增强联盟合作的稳定，促进联盟内主体间合作的积极性，构建的风险性补偿公式如下：

$$\lambda_i = W_{\text{total}} b_r \Delta R_i \tag{6-38}$$

$$\Delta R_i = R_i - \frac{1}{n} \tag{6-39}$$

$$\sum_{i=1}^{n} R_i = 1 \tag{6-40}$$

式中：$\lambda_i$是利益主体$i$的风险性修正值；$W_{\text{total}}$是储能电站的总综合价值；$b_r$是联盟主体间协定的风险补偿价值系数；$\Delta R_i$为风险性补偿系数；$R_i$为相对

风险程度。

与环保性修正值类似，当$\Delta R_i > 0$时，风险性修正值为正，此时利益主体$i$会因其承担了平均值以上的风险获得额外的分配利益价值$|\lambda_i|$；当$\Delta R_i < 0$时，风险性修正值为负，此时利益主体$i$会因其承担了平均值以下的风险减少额外的分配利益价值$|\lambda_i|$。

**3.价值共享机制**

在储能电站价值共享机制的设计过程中，将环保性和风险性纳入Shapley值分配法，设计了基于改进的Shapley值分配法的价值共享机制，新型电力系统储能价值共享机制如图6–5所示。将环保性和风险性纳入Shapley值分配模型中需要计算环保性修正值$\beta$和风险性修正值$\lambda$的综合权重，可通过AHP方法计算获取。基于改进Shapley值分配法的储能电站效益分配计算步骤如下：

（1）基于传统的Shapley值分配法获得各主体的初始分配价值$\omega_i$，构造准则层权重集合$W_C = \left( \frac{\omega_1}{\sum_{i=1}^{n}\omega_i}, \cdots, \frac{\omega_i}{\sum_{i=1}^{n}\omega_i}, \cdots, \frac{\omega_n}{\sum_{i=1}^{n}\omega_i} \right)$。

（2）询问相关专家对利益主体环保性及风险性因素的补偿因素评判结果，形成判断矩阵$\boldsymbol{B}_i$（$i \in [1, n]$），得到方案层权重向量$\boldsymbol{W}_S$。

（3）基于AHP赋权办法将$W_C$和$\boldsymbol{W}_S$进行归一化处理，进而得到环保性修正值$\beta$和风险性修正值$\lambda$的综合权重$a_1$和$a_2$。

（4）基于修正权重和修正值对传统的Shapley值分配价值进行修正，得到各主体修正后的分配价值。计算公式如下所示：

$$\omega_i^{'} = \omega_i + \alpha_1 \beta_i + \alpha_2 \lambda_i \tag{6–41}$$

为保证修正后分配给各主体的价值总和与修正前分配给各主体的价值总和相等，即仍需要满足整体理性约束，需要对修正后的模型结果进行验证，证明公式如下：

$$
\begin{aligned}
\sum_{i=1}^{n}\omega_i' &= \sum_{i=1}^{n}\left(\omega_i+\alpha_1\beta_i+\alpha_2\lambda_i\right)=\sum_{i=1}^{n}\omega_i+\alpha_1\sum_{i=1}^{n}\beta_i+\alpha_2\sum_{i=1}^{n}\beta_i \\
&= \sum_{i=1}^{n}\omega_i+\alpha_1 W_{\text{env}}\sum_{i=1}^{n}\left(\frac{p_i e_i}{\sum_{i=1}^{n}p_i e_i}-\frac{1}{n}\right)+\alpha_2 W_{\text{total}} b_r\sum_{i=1}^{n}\left(R_i-\frac{1}{n}\right) \\
&= \sum_{i=1}^{n}\omega_i+\alpha_1 W_{\text{env}}\left(\frac{\sum_{i=1}^{n}p_i e_i}{\sum_{i=1}^{n}p_i e_i}-\sum_{i=1}^{n}\frac{1}{n}\right)+\alpha_2 W_{\text{total}} b_r\left(\sum_{i=1}^{n}R_i-\sum_{i=1}^{n}\frac{1}{n}\right) \\
&= \sum_{i=1}^{n}\omega_i+\alpha_1 W_{\text{env}}\left(1-1\right)+\alpha_2 W_{\text{total}} b_r\left(1-1\right)=\sum_{i=1}^{n}\omega_i
\end{aligned}
\tag{6-42}
$$

（5）基于“谁受益，谁补偿”和“按价值贡献度”原则，计算除储能电站外的利益主体$i$需要支付给储能投运商的补偿$W_{si}$。计算公式如下：

$$
W_{si}=\frac{\omega_i'}{v_s-\omega_{\text{ES}}'}\omega_{\text{ES}}' \tag{6-43}
$$

式中：$\omega_{\text{ES}}'$代表储能投运商获得的修正后的分配价值。

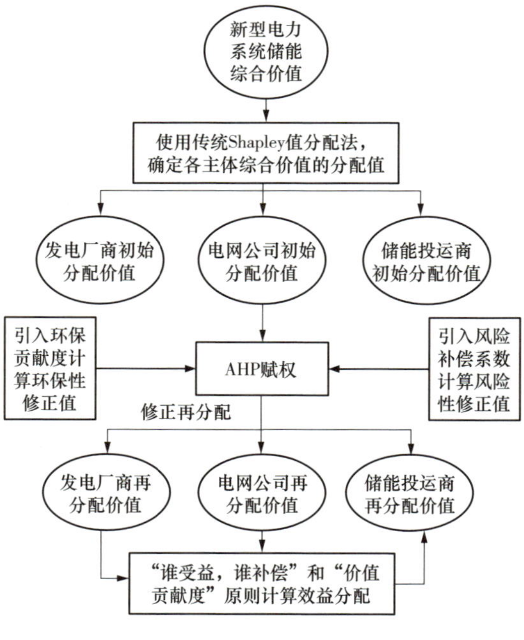


图6-5　新型电力系统储能价值共享机制

### 6.3.3 实证分析

本节首先对储能给系统带来的价值进行效益分配，然后再确定其他主体需要给储能投运商的补偿。储能电站价值分配及补偿涉及的利益主体主要是发电厂商（传统发电厂商和新能源发电厂商）、电网公司和储能投运商。

假定三者共同合作时的利益为5.78万元。为了计算方便和展示直观，下面用1代表发电厂商、2代表电网公司、3代表储能投运商，分析所有不同合作情景下的各联盟收益情况，不同合作情景下各联盟收益情况见表6–11。

表6–11 不同合作情景下各联盟收益情况

| 联盟 | 编号 | 收益（万元） |
| --- | --- | --- |
| 发电厂商 | $v\{1\}$ | 1.83 |
| 电网公司 | $v\{2\}$ | 1.41 |
| 储能投运商 | $v\{3\}$ | 1.15 |
| 发电厂商和电网公司联盟 | $v\{1,2\}$ | 3.46 |
| 发电厂商和储能投运商联盟 | $v\{1,3\}$ | 4.18 |
| 电网公司和储能投运商联盟 | $v\{2,3\}$ | 3.82 |
| 发电厂商、电网公司和储能投运商联盟 | $v\{1,2,3\}$ | 5.78 |

据此计算传统Shapley值分配法下的发电厂商、电网公司和储能投运商的利益分配值，计算结果如下：

$$\omega_1=\frac{1}{6}\left[2v\{1\}+\left(v\{1,2\}-v\{2\}\right)+\left(v\{1,3\}-v\{3\}\right)+2\left(v\{1,2,3\}-v\{2,3\}\right)\right]$$

$$=\frac{1}{6}\times\left[2\times1.83+(3.46-1.42)+(4.18-1.15)+2\times(5.78-3.82)\right]=2.11$$

$$\omega_2 = \frac{1}{6}\left[2v\{2\} + \left(v\{1,2\} - v\{1\}\right) + \left(v\{2,3\} - v\{3\}\right) + 2\left(v\{1,2,3\} - v\{1,3\}\right)\right]$$
$$= \frac{1}{6} \times \left[2 \times 1.42 + (3.46 - 1.83) + (3.82 - 1.15) + 2 \times (5.78 - 4.18)\right] = 1.72$$
$$\omega_3 = \frac{1}{6}\left[2v\{3\} + \left(v\{1,3\} - v\{1\}\right) + \left(v\{2,3\} - v\{2\}\right) + 2\left(v\{1,2,3\} - v\{1,2\}\right)\right]$$
$$= \frac{1}{6} \times \left[2 \times 1.15 + (4.18 - 1.83) + (3.82 - 1.42) + 2 \times (5.78 - 3.46)\right] = 1.95$$

由此得到传统Shapley值分配法下发电厂商得到的分配利益为2.11万元，电网公司的分配利益为1.72万元，储能投运商的分配利益为1.95万元。

对于环保性，假定发电厂商、电网公司和储能投运商的相对环保投入分别为2、1、1，环保贡献度系数分别为1.5、1、6，环境价值为0.08万元。则根据式（6–36）、式（6–37）可计算得到三者的环保性修正值分别为–0.0027、–0.0187、0.0214。

对于风险性，假定发电厂商、电网公司和储能投运商的相对风险程度分别为0.2、0.1和0.7，联盟协定的风险补偿价值系数为0.2。则根据式（6–38）~式（6–40）可计算得到三者的风险性修正值分别为–0.1542、–0.2697、0.4239。

基于传统Shapley值分配法的分配利益，得到准则层权重集合$W_C = (0.3651, 0.2975, 0.3374)$，通过询问储能研究和管理方面的相关专家，得到其对发电厂商、电网公司和储能投运商有关环保性和风险性的评判结果，进一步得到方案层权重向量$\boldsymbol{W}_{S21} = (0.54, 0.46)$，$\boldsymbol{W}_{S22} = (0.37, 0.63)$，$\boldsymbol{W}_{S23} = (0.12, 0.88)$。最后基于AHP赋权方法将$W_C$和$\boldsymbol{W}_S$进行归一化处理，进而得到环保性修正值$\beta$和风险性修正值$\lambda$的综合权重分别为0.3477和0.6523。

综合考虑环保性和风险性，对传统Shapley值分配法改进，得到发电厂商、电网公司和储能投运商的最终分配利益分别为2.01万元、1.54万元和1.95万元，最后基于“谁受益，谁补偿”和“按价值贡献度”原则，通过式（6–43）计算，得到发电厂商和电网公司需要支付给储能投运商的补偿分别为1.26万元和0.97万元，修正后的利益分配及补偿数额见表6–12。

表6-12　修正后的利益分配及补偿数额　　单位：万元

| 利益主体 | 发电厂商 | 电网公司 | 储能投运商 |
| --- | --- | --- | --- |
| 传统Shapley值分配法 | 2.11 | 1.72 | 1.95 |
| 环保性 | -0.0027 | -0.0187 | 0.0214 |
| 风险性 | -0.1542 | -0.2697 | 0.4239 |
| 修正Shapley值分配法 | 2.01 | 1.54 | 2.23 |
| 补偿支付 | 1.26 | 0.97 | — |

由表6-12可知，储能投运商得到的补偿价值应为2.23万元，为三者共同合作时利益的38.58%。其中，发电厂商需要从获得的2.01万元中支付1.26万元，电网公司需要从获得的1.54万元中支付0.97万元。从结果来看，储能投运商获得的补偿中发电企业需要支付56.50%，电网公司需要支付43.50%，支付额为发电企业和电网公司分配所得收益的62.82%。

本节构建的基于改进Shapley值分配法的储能电站价值共享机制能够确定相应的利益主体对储能投运商的合理补偿额度，增加储能投运商的运行收益，进一步优化储能电站在新型电力系统中的配置，更好地实现储能运行带来的效益，促进储能产业的可持续发展。

## 6.4 本章小结

本章首先构建了储能电站在新型电力系统不同应用场景的投资综合价值评估模型。指标排序结果显示，在电源侧应用场景中，储能容量、能源效率和安全性是相对重要的指标；在电网侧应用场景中是循环次数、储能容量和安全性指标；在用户侧应用场景中是反应速度、放电深度和能源效率指标。评价结果显示，抽水蓄能是电源侧和电网侧储能应用的最优选择，锂离子电池是用户侧储能应用的最优选择。抽水蓄能、锂离子电池和压缩空气储能在三个场景下排名前 3 ，均优于其他 3 种储能技术。然后设计了基于改进改进Shapley值分配法的储能电站投资综合价值共享机制，将环保性及风险性纳入综合价值分配考量，以此更好地实现储能运行带来的效益，促进储能产业的可持续发展。

# 第七章

CHAPTER 7

# 结论及建议

## 7.1 结论

本书分析了新型电力系统储能电站发展现状，构建储能电站设备选址评价模型，设计新型电力系统储能电站投资运营商业模式及投资综合价值共享机制，并进行投资经济性分析，为储能电站的投资决策和规划建设提供理论支持，得到以下主要结论。

**1. 抽水蓄能技术最成熟、应用最广，电化学等新型储能正在迅速发展**

根据技术原理将储能划分为物理储能、电化学储能等类型，分析其工作原理与发展成熟度。分析结果表明，抽水蓄能发展时间较长，是我国乃至世界范围装机容量最大、技术最成熟、应用范围最广泛的储能技术。电化学储能是目前重点发展的储能技术，装机容量占新型储能的绝大部分，随着技术水平的提升，成本不断下降。氢储能和热储能均已开展试点项目，但成本和效率问题仍有待解决。其他新型储能除了飞轮储能和压缩空气储能有少量商用案例外，多处于技术完善与示范阶段。

**2. 储能对新型电力系统的发展至关重要，在“源－网－荷”三侧有广泛的应用前景**

从调峰、调频、黑启动、顶峰备用四个方面分析了储能在新型电力系统中扮演的关键角色。分析结果表明，通过储能参与调峰，可以平缓负荷曲线，减少弃风弃光；通过储能参与调频，有助于提高配电网静态电压稳定性，减少线路损耗，提高电能质量；通过储能参与黑启动，启动速度更快，减少停电损失，更加经济可靠；通过储能参与顶峰备用，有利于降低系统运行成本，缓解紧张用电形势。

**3. 抽水蓄能度电成本最低，提高研发投入有利于降低储能系统的度电成本**

采用LCOE测算了不同类型储能的度电成本，并结合学习曲线理论分析了储能成本的演变趋势。通过对储能度电成本的测算，分析得出抽水蓄能度电成本最低，其次是锂离子电池，提高年循环次数可有效降低度电成本；通过多元回归方法拟合学习曲线方程，结果表明在相同的研发投入力度下，增加储能装机规模对储能的度电成本变化无明显影响，提高研发投入力度能够明显降低储能系统的度电成本。

**4. 装机容量、在运年份、职工定员编制人数等因素为储能电站成本的主要影响要素**

对储能技术成本结构进行分析，发现材料费、修理费、人工费、其他费用四项费用会在经营期受到不确定因素影响而发生变化。之后，考虑到各项因素的可量化性及量化难易度，根据各项成本内涵及特性，初步确定各项费用可能的影响因素。运用皮尔逊相关系数进行判断，得出材料费、修理费主要影响指标为在运年份，人工费主要影响指标为装机容量、在运年份、职工定员编制人数，其他费用主要影响指标为装机容量。将上述关键指标纳入多元回归方程当中，得到了各项指标影响下的成本测算模型。

**5. 抽水蓄能和锂离子电池综合价值最高，是当前储能应用的主要选择**

构建了储能技术在新型电力系统不同应用场景的综合价值评估模型。指标排序结果显示，在电源侧应用场景中，储能容量、能源效率和安全性是相对重要的指标；在电网侧应用场景中，循环次数、储能容量和安全性是相对重要的指标；在用户侧应用场景中，反应速度、放电深度和能源效率是相对重要的指标。评价结果显示，抽水蓄能是电源侧和电网侧储能应用的最优选择，锂离子电池是用户侧储能应用的最优选择。

**6. 在相同寿命期内，电网侧储能电站混合经营模式的经济性要优于单独参与辅助服务市场或单独参与能量市场**

电网侧储能系统可视为共享储能，将储能电站租赁给新能源场站，获取容量租赁收益，增加收益来源。在现有的政策环境及市场条件下，设定一定的边界计算条件，使用成本收益分析方法对电网侧储能系统技术经济效益评价模型进行详细的计算和分析。计算结果显示在相同寿命期内，电网侧储能电站混合经营模式的经济性要优于单独参与辅助服务市场或单独参与能量市场。但当前电网侧储能系统作为独立主体参与市场尚不成熟，其运营收益主要来源于容量租赁收益。

## 7.2 建议

当前，我国电力市场建设尚处于初级阶段，虽然新型储能部分应用场景已形成商业模式并具备经济性，但受制于储能产业政策体系不完善、商业模式单一、投资回报机制不健全等问题，新型储能产业尚未实现规模化发展。究其原因，主要在于市场机制不够完善，电力市场和价格体系无法反映储能价值，因此基于研究内容，提出以下建议。

### 1. 加强新型储能参与电力市场的顶层设计

从国际经验看，通过现货市场价差套利和提供调频辅助服务是新型储能主要的盈利来源。必须加快我国电力现货市场和调频辅助服务市场建设，建立新型储能实现合理收益的市场化长效机制。目前，新型储能作为独立市场主体参与电力现货市场，在政策上已经扫清障碍，关键在于强化政策的督导落实。在电力现货市场建设试点地区，要加快修订市场规则，允许新型储能通过现货市场不同时段价差等方式获得收益，同时加快建设调频、备用辅助服务市场，逐步推动辅助服务费用向用户侧疏导。

### 2. 加快推动新型储能作为市场主体参与电力市场交易

完善电力市场规则，允许新型储能作为市场主体注册、交易，完善现货市场及辅助服务市场交易系统，增加新型储能或虚拟电厂（集成商）可申报的相关技术参数。研究制定新型储能作为市场主体的技术标准，根据电网调度运行需要，建立新型储能电站的调度模型和控制技术。参考光伏发电、风电等新能源场站接入方式，明确新型储能电站接入电网的技术规范要求，简化并网管理流程。

### 3. 引导新型储能在发电、电网、用户侧合理配置

根据新型储能不同应用场景的经济性和发展潜力，制定差异化发展策略。在发电侧鼓励新能源场站以市场化方式配置储能，支持在现货市场试点地区发展“新能源场站+储能”，提升新能源场站配置储能的质量，避免“劣币驱逐良币”。鼓励火电厂按需加装储能装置，改善调频性能。电网侧储能将在市场机制完善过程中发挥重要作用，可通过竞争性招标等方式配置一定比例的电网侧储能，随着市场机制的完善，逐步降低电网侧储能规模。将用户侧作为促进新型储能发展的重点方向，通过市场价格信号引导激励用户主动参与电力系统需求响应，改善系统负荷特性，提升电力系统运行效率。

### 4. 提高辅助服务价格，进一步拉大平均峰谷价差

我国电力市场的建设当前尚处于起步阶段，机制建设尚不完善。依据现有的辅助服务价格和现货市场的平均峰谷价差，电网侧和电源侧的储能很难通过市场实现盈利，不利于新型储能的发展。建议将调频补偿单价由3元/MW提高至5元/MW，同时科学划分峰谷时段，拉大现货市场的平均峰谷价差，进一步完善电力市场的交易机制。

### 5. 健全电网侧新型储能调度机制

电网侧新型储能是电力系统重要调节支撑性资源，为实现科学调度，建议加快各地区新型储能电站调度运营管理规定，推动电网公司与储能电站签订年度调度运行协议，充分发挥电网侧新型储能综合性、全局性

功能。同时，加强对于储能电站调度利用情况的监管和考核，确保公平调度。

**6. 完善行业标准，引导储能健康发展**

建议政府、行业协会、相关利益方联合发力，完善储能相关标准。一是完善储能行业标准。储能快速发展也带来一些问题，例如低价竞标、储能电站利用率低、安全问题等，亟须明确储能设施建设相关技术要求（包括安全设计、系统效率、系统寿命等），提出储能系统并网条件，降低项目建设运行安全风险。二是规范统一储能配置标准。目前在各省出台的储能配置支持政策中，配置比例要求5%到20%不等。各省政策要求虽有不同，但均未对配置比例及持续时长的制定依据进行详细说明。亟须统筹考虑区域电源规划、新能源发展情形、电力市场建设进度等因素，合理测算电力系统储能需求，科学设计配置比例与时长，确保增设储能系统能够得到有效利用。

**7. 积极探索共享储能电站运行模式，制定容量租赁费用标准**

在新能源汇集区内配置独立储能电站，或将新能源汇集区内各储能装置视为一个整体，统一接受电网调度，为区域新能源电站和电网提供服务，使用效果要优于单个场站分别配置调用。建议积极探索共享储能电站运营模式，在政策层面制定容量租赁费用标准，搭建共享储能市场交易体系，通过合理的收益分摊方式与市场交易机制，推动共享储能的规模化应用。